长江经济带生态保护与绿色发展研究丛书

熊文 总主编

江苏篇

开启现代发展新征程

主编 黎明

副主编 丁玉梅 蔡慧萍

长江出版社
CHANGJIANG PRESS

图书在版编目（CIP）数据

长江经济带生态保护与绿色发展研究丛书．江苏篇：开启现代发展新征程 /
熊文总主编；黎明主编；丁玉梅，蔡慧萍副主编．
—武汉 ： 长江出版社，2022.10
ISBN 978-7-5492-5152-0

Ⅰ．①长… Ⅱ．①熊… ②黎… ③丁… ④蔡… Ⅲ．①长江经济带－生态环境保护－研究
②长江经济带－绿色经济－经济发展－研究③生态环境建设－研究－江苏
④绿色经济－区域经济发展－研究－江苏 Ⅳ．① X321.25 ② F127.5

中国版本图书馆 CIP 数据核字 (2022) 第 199734 号

长江经济带生态保护与绿色发展研究丛书．江苏篇： 开启现代发展新征程
CHANGJIANGJINGJIDAISHENGTAIBAOHUYULÜSEFAZHANYANJIUCONGSHU
JIANGSUPIAN ： KAIQIXIANDAIFAZHANXINZHENGCHENG
总主编 熊文　本书主编 黎明　副主编 丁玉梅 蔡慧萍

责任编辑： 向丽晖 李剑月
装帧设计： 刘斯佳
出版发行： 长江出版社
地　　址： 武汉市江岸区解放大道 1863 号
邮　　编： 430010
网　　址： http://www.cjpress.com.cn
电　　话： 027-82926557（总编室）
　　　　　027-82926806（市场营销部）
经　　销： 各地新华书店
印　　刷： 武汉市首壹印务有限公司
规　　格： 787mm×1092mm
开　　本： 16
印　　张： 12.25
彩　　页： 8
字　　数： 182 千字
版　　次： 2022 年 10 月第 1 版
印　　次： 2022 年 10 月第 1 次
书　　号： ISBN 978-7-5492-5152-0
定　　价： 68.00 元

前　言

在中国版图上，有这样一片区域，形似巨龙，日夜奔腾，浩浩荡荡，这就是中国第一大河，也是世界第三长河——长江。

长江全长6300余km，滋养了古老的中华文明；流域面积达180万km^2，哺育着超1/3的中国人口；两岸风光旖旎，江山如画；历史遗迹绵延千年，熠熠生辉。长江是中华民族的自豪，更是中华民族生生不息的象征。

不仅如此，长江以水为纽带，承东启西、接南济北、通江达海，一条黄金水道，串联起沿江11个省（直辖市），支撑起全国超40%的经济总量，是中国经济社会发展的大动脉。

一直以来，习近平总书记深深牵挂着长江，竭力谋划着让长江永葆生机活力的发展之道。

2016年1月5日，重庆，在推动长江经济带发展座谈会上，习近平总书记发出长江大保护的最强音："当前和今后相当长一个时期，要把修复长江生态环境摆在压倒性位置，共抓大保护、不搞大开发。"从巴山蜀水到江南水乡，生态优先、绿色发展的理念生根发芽。

2018年4月26日，武汉，在深入推动长江经济带发展座谈会上，习近平总书记强调正确把握"五大关系"，以"钉钉子"精神做好生态修复、环境保护、绿色发展"三篇文章"，推动长江经济带科学发展、有序发展、高质量发展，引领全国高质量发展，擘画出新时代中国发展新坐标。

2020年11月14日，南京，在全面推动长江经济带发展座谈会上，习近平总书记指出，要坚定不移地贯彻新发展理念，推动长江经济带高质量发展，谱写生态优先绿色发展新篇章，打造区域协调发展新样板，构筑高水平对外开放新高地，塑造创新驱动发展新优势，绘就山水人城和谐相融新画卷，使长江经济带成为我国生态优先绿色发展主战场、畅通国内国际双循环主动脉、引领经济高质量发展主力军。

伴随着党中央的强力号召，长江经济带的发展从"推动""深入推动"走向"全面推动"，沿长江11省（直辖市）密集出台了一系列推动经济发展的新政策、新举措。短短几年，一个引领中国经济高质量发展的生力军正在崛起。

可是，与长江经济带蓬勃发展形成鲜明反差的是，全面系统研究长江经济带生态保护与绿色发展的专著却鲜见。为推动长江经济带绿色崛起，我们萌生了编纂"长江经济带生态保护与绿色发展研究"系列丛书的想法。通过该系列丛书的梳理，我们希望完成三个"任务"：

第一，系统梳理、深度展现在长江经济带发展大战略中，沿江11省（直辖市）在新时代绿色崛起中发挥的作用和取得的成绩，总结各省（直辖市）经济发展中的经验和启示，充分发挥领先城市经济发展的示范引领作用，为整个经济带的全面发展提供借鉴。

第二，认真总结、深刻剖析在长江经济带发展过程中，沿江11省（直辖市）经济发展存在的问题，系统梳理长江经济带绿色绩效评价体系，期待为破解长江经济带经济发展的资源环境约束难题、探寻长江经济带绿色经济绩效的提升路径、增强长江经济带发展统筹度和整体性、协调性、可持续性提供全新视角。

第三，有针对性地提出长江经济带未来发展的政策建议和战略对策，助力长江经济带形成生态更优美、交通更顺畅、经济更协调、市场更统一、机制更科学的黄金经济带，为中国经济统筹发展提供新的支撑。

这是我们第一次系统梳理长江经济带的发展，也是我们第一次完整地总结长江沿江11省（直辖市）的发展脉络。

我们欣喜地看到，伴随着三次推动长江经济带发展座谈会的召开，长江沿线11省（直辖市）均有针对性地出台了各省（直辖市）长江经济带发展的具体措施和规划。上海提出，要举全市之力坚定不移推进崇明世界级生态岛建设，努力把崇明岛打造成长三角城市群和长江经济带生态环境大保护的重要标志。湖北强调，要正确把握"五大关系"，用好长江经济带发展"辩证法"，做好生态修复、环境保护、绿色发展"三篇大文章"。地处长江上游的重庆表示，要强化"上游意识"，担起"上游责任"，体现"上游水平"，将重庆打造成内陆开放高地和山清水秀美丽之地。诸如此类，沿江各省都努力争当推动长江经济带高质量发展的排头兵。

我们也欣喜地看到，《长江上游地区省际协商合作机制实施细则》《长三角地区一体化发展三年行动计划（2018—2020年）》等覆盖全域的长江经济带省际协商合作机制逐步建立，共抓大保护的合力正在形成。

我们更欣喜地看到，在以城市群为依托的区域发展战略指引下，在长江三角洲城市群、长江中游城市群、成渝城市群、黔中城市群、滇中城市群等区域城市群的强力带动辐射影响之下，一批城市正迅速崛起。在党中央和沿江各省（直辖市）共同努力下，长江经济带正释放出前所未有的巨大经济活力。虽成效显著，但挑战犹存。在该系列丛书的梳理中，我们也发现了长江经济带发展过程中存在的问题：生态环境保护的形势依然严峻、生态环境压力正持续加大、绿色产业转型压力依旧巨大。为此，我们寻找了德国莱茵河治理、澳大利亚猎人河排污权交易、美国饮用水水源保护区生态补偿、美国"双岸"经济带的产业合作等多个国外绿色发展案例，希望为国内长江经济带城市绿色发展提供借鉴。

编　者

长江黄金水道

前 言

　　本书为《长江经济带生态保护与绿色发展研究丛书》之江苏篇分册，由湖北工业大学黎明副教授担任主编，湖北工业大学丁玉梅、武汉市生态环境局江汉区分局蔡慧萍担任副主编。本册共分七章，第一章梳理了江苏省绿色发展概况与战略意义，明确了江苏省在长江经济带绿色发展中的战略定位。第二章全面分析了江苏省经济社会发展概况、生态环境保护现状、绿色发展状况与政策动态，全面展示了江苏省在绿色发展中取得的成果。第三章从主体功能区划空间管控、生态红线限制条件、"三线一单"管控要求等三个方面剖析了江苏省绿色发展存在的生态环境约束。第四章系统分析了江苏省绿色发展总体战略、绿色产业转型、发展规划策略与政策措施等四个方面展现了江苏作为。第五章针对江苏省重点流域生态规划与工业园区绿色发展进行了分析研究。第六章构建了江苏省绿色发展评价体系，并对江苏省绿色发展水平进行了评估。第七章提出了江苏省绿色发展主要任务与保障措施。

　　本书在撰写过程中，湖北工业大学长江经济带大保护研究中心、经济与管理学院、流域生态文明研究中心等单位领导精心组织编撰，同时长江经济带高质量发展智库联盟、湖北省长江水生态保护研究院、水环境污染监测先进技术与装备国家工程研究中心、河湖生态修复及藻类利用湖北省重点实验室、长江水资源保护科学研究所、江苏河海环境科学研究院有限公司、无锡德林海环保科技股份有限公司等单位相关专家大力指导与帮助，长江出版社高水平编辑团队为本书出版付出了辛勤劳动，在此一并致谢。

由于水平有限和时间仓促，书中缺点、错误在所难免，敬请专家和读者批评指正。

编　者

目 录

第一章　江苏省在长江经济带绿色发展中的战略定位

纵观世界经济发展历史，不难总结出一条共同的规律，即发展都从沿海地区起步，然后溯内河向内陆腹地纵深递进发展。因此，依托长江水道，连接中国东、中、西三个区域，包含 9 省 2 市的长江经济带的建设发展，对构建中国经济新支撑，打造东中西部地区经济良性互动格局，推动沿江产业布局优化升级等显得尤为重要。推动长江经济带发展是中共中央做出的重大决策，是关系国家发展全局的重大战略。长江流域生态系统类型多样，是我国重要的生态宝库，是中华民族战略水源地，具有重要的水土保持、洪水调蓄和航运等功能 。改革开放以来，长江流域承担起带动中国经济增长的历史重任，尤其是长江下游地区，成为全国经济发展的领头羊，长江经济带的人口和生产总值均超过全国的 40%。

第一节　江苏省经济概况及战略定位

江苏省是我国省级行政区之一，地处我国沿海经济带和长江经济带的"T"字形交汇点，下辖 13 个设区市，全部进入百强，是唯一所有地级市都跻身百强的省份。江苏人均 GDP、综合竞争力、地区发展与民生指数（DLI）均居中国各省第一，成为中国综合发展水平最高的省份，已步入"中上等"发达国家水平。江苏省地域经济综合竞争力居全国第一，是中国经济最活跃的省份之一，与上海、浙江、安徽共同构成的长江三角洲城市群成为国际 6 大世界级城市群之一。江苏有着优越的区位优势和自然资源，加上有利的政策引导，一直在长江经济带的发展中扮演重要角色，对中西部的辐射作用不断增强。

一、江苏省资源基本概况

（一）地理环境

江苏地处中国大陆东部沿海地区中部，长江、淮河下游，东濒黄海，北接山东，西连安徽，东南与上海、浙江接壤，是长江三角洲地区的重要组成部分。地跨东经 116° 18′ ~121° 57′，北纬 30° 45′ ~35° 20′，总面积 10.72 万平方千米。江苏跨江滨海，湖泊众多，地势平坦，地貌由平原、水域、低山丘陵构成；地跨长江、淮河两大水系。江苏省属东亚季风气候区，处在亚热带和暖温带的气候过渡地带，气候同时具有南方和北方的特征。

江苏是中国地势最低的一个省区，绝大部分地区在海拔 50 米以下，低山丘陵集中在西南部，占江苏省总面积的 14.3%。长江横贯江苏东西 433 千米，京杭大运河纵贯南北 718 千米，海岸线长 957 千米。江苏地处江、淮、沂、沭、泗五大河流下游，河渠纵横，水网稠密，长江横穿江苏省南部。

（二）自然资源

江苏境内降雨年径流深在 150~400 毫米。江苏省平原地区广泛分布着深厚的第四纪松散堆积物，地下水源丰富。同时地处江、淮、沂、沭、泗流域下游和南北气候过渡带，河湖众多，水系复杂。江苏省本地水资源量 321 亿立方米。全省多年平均过境水量 9492 亿立方米，其中长江径流占 95% 以上。江苏地下水资源量 142.4 亿立方米，其中，平原区地下水资源量 134.4 亿立方米，山丘区地下水资源量 13.1 亿立方米，重复计算量 5.1 亿立方米。

截至 2018 年 4 月，江苏耕地面积 6870 万亩，人均占有耕地 0.86 亩。全省海域面积 3.75 万平方千米，共 26 个海岛。沿海滩涂面积 5001.67 平方千米，约占全国滩涂总面积的 1/4，居全国首位。江苏湿地资源丰富，湿地面积为 282.19 万公顷，其中自然湿地 195.32 万公顷，人工湿地 86.87 万公顷。湿地的分布，沿海以近海与海岸湿地为主，苏南以湖泊、河流、沼泽类型湿地为主，里下河地区以河流湖泊湿地为主，苏北以人工输水河与运河湿地为主。

江苏地跨华北地台和扬子地台两大地质构造单元，有色金属类、建材类、膏盐类、特种非金属类矿产是江苏矿产资源的特色和优势。截至 2018 年 4 月，江苏发现的矿产品种有 133 种，探明资源储量的有 68 种，其中铌钽矿、含钾砂页岩、泥灰岩、凹凸棒石黏土、二氧化碳气等矿产查明资源储量居我国前列。

截至 2016 年，江苏省森林面积 156 万公顷，林木覆盖率 22.8%，活立木总蓄积量 9609 万立方米，国有林场 76 个，面积 10.67 万公顷。截至 2016 年，江苏共有野生动物 604 种，其中兽类 79 种，爬行类 56 种，两栖类 21 种，鸟类 448 种。植物资源非常丰富，有 850 余种，尚有可利用和开发前途的野生植物资源 600 余种。水生动物资源也极为丰富。

二、江苏省经济发展特点

改革开放以来，江苏坚持走规模与质量齐头共进的发展之路，形成了完善的工业体系，积累了较为充裕的物质资本、科技基础和管理经验。与全国平均水平相比，江苏具有"高起点开局"的优势，发展水平、产业基础和创新能力居全国前列，因此，推动高质量发展走在全国前列是江苏的能力所在，也是江苏的责任所在。

（一）经济总量稳步攀升，创新转型成效显著

2013—2021 年江苏省 GDP 年均增长 7.4%，快于全国 0.9 个百分点。江苏经济总量不断实现新跨越，2014 年突破 6 万亿元，2015、2017、2018 年连续迈上 7 万亿元、8 万亿元、9 万亿元台阶，2020 年突破 10 万亿元大关，达 10.28 万亿元。2021 年，全省实现生产总值 11.64 万亿元，占全国的 10.2%。党的十八大以来，江苏对全国经济增长的贡献率超过 10%，展现出强劲韧性，为稳定全国发展大局发挥了重要的作用。

经济总量不断攀升之际，江苏"百姓富"的成色更足。数据表明，全省人均 GDP 由 2012 年的 6.65 万元增加到 2021 年的 13.7 万元，连续 13 年位居全国各省、自治区第一，年均增长 6.8%，比全国水平高出 5.61 万元。作为工业大省、制造大省的江苏，十年间江苏实体经济根基更加稳固，产业转型不断迈出新步伐。

从产业结构看，全省三次产业结构由 2012 年的 6：50.6：43.4 调整至

2021 年 4.1 ： 44.5 ： 51.4。2021 年制造业增加值达 4.17 万亿元，占 GDP 比重达 35.8%；服务业增加值达 5.99 万亿元，占比十年间累计增加 8 个百分点，2013—2021 年年均增长 8.1%，快于 GDP 年均增速 0.7 个百分点。

从发展质量看，先进制造业和高技术制造业保持较快增长，产业链供应链自主可控能力有效提升。2021 年全省高新技术产业产值占规上工业总产值比重达 47.5%，比 2012 年提高 10 个百分点；战略性新兴产业产值占规上工业比重 39.8%，比 2014 年提高 11.1 个百分点；高新技术产品出口额比 2012 年增加 431.9 亿美元。

创新引领发展能力的持续增强。数据显示，全省研究与试验发展经费支出由 2012 年 1288.0 亿元增加到 2021 年的 3447.8 亿元，年均增长 11.6%，占 GDP 比重由 2.3% 提升至 2.95%，接近创新型国家和地区中等水平。2021 年全省万人发明专利拥有量达 41.2 件，约为全国平均水平的 2 倍，比 2012 年提高 35.4 件。此外，数字经济赋能强劲。2021 年，全省数字经济核心产业增加值占 GDP 比重预计为 10.3%，对 GDP 增长的贡献率达 16% 以上。

（二）内需与外需协同发展，持续增强构建经济发展新格局的能力

在"畅通"上下功夫，疏堵点破卡点，推动生产、分配、流通、消费各环节有机衔接，构建新发展格局的关键在于经济循环的畅通无阻。一直以来，江苏深谙其道。

内需潜力逐步释放。2013—2021 年，全省固定资产投资年均增长 7.8%。2021 年全省社会消费品零售总额由 2012 年 18946.4 亿元增加到 42702.6 亿元，2013—2021 年年均增长 9.4%。2021 年，实现民营经济增加值 6.7 万亿元，占全省 GDP 比重达 57.3%，对经济增长贡献率达 63.1%。

外贸量增质升。2021 年，全省进出口商品总额由 2012 年 34596.1 亿元增加到 52130.6 亿元，2013—2021 年年均增长 4.7%。

"十三五"以来，全省对"一带一路"沿线国家进出口年均增长 11.2%，2021 年达 1.32 万亿元，占全省进出口比重由 20.6% 提高到 25.4%。

双向开放，江苏步伐始终稳健。数据显示，2021 年，全省实际使用外资 330 亿美元，占全国比重 19.0%，保持全国第一；2013—2021 年实际使用外资累计数 2484.8 亿美元。外商投资结构进一步优化，2021 年外商直接投资制造业领域占比为 31.5%，投向除房地产以外的服务业领域占比达 43.3%。对外投资规模稳步增长，2021 年，全省新增对外投资项目 726 个，比上年增长 3.9%。

（三）区域发展提质增效，民生福祉获新改善

近十年来，江苏着眼于谋划区域平衡、协调、长远发展，已取得显著成效——区域之间、城乡之间协调发展达到新水平，发展差距不断缩小。

江苏共有南北共建园区 45 家，累计入园企业超 1700 家。园区之外，区域互补、跨江融合、南北联动发展成效同样明显。2021 年，苏南、苏中、苏北三大区域分别实现生产总值 66647.9 亿元、23748.6 亿元、26731.9 亿元，与 2012 年相比分别年均增长 7.3%、7.9%、7.4%；占全省 GDP 比重为 56.9%、20.3% 和 22.8%，苏中苏北经济总量较 2012 年提高 1.2 个百分点。2016 年以来，南京、无锡、南通三市 GDP 相继突破万亿元，苏州突破两万亿元；13 个设区市均进入全国经济百强城市行列，综合实力百强市县数量居全国第一；综合交通运输体系实现新的突破，2021 年末全省高速公路里程达 5028 千米，高速铁路里程达 2212 千米。

城乡居民收入比由 2012 年的 2.37 ∶ 1 下降到 2021 年的 2.16 ∶ 1；2021 年，城镇居民人均生活消费支出由 2012 年 20573 元增加到 36558 元，农民人均生活消费支出由 2012 年 9921 元增加到 21130 元。

三、江苏省的战略定位

江苏省作为"一带一路"交汇点的战略性定位，提出建设"具有世界聚合力的双向开放枢纽"这一目标，符合时代背景和国际环境的重大变化，进一步凸显了江苏在"一带一路"建设的重大作用。

（一）加快"内联外畅"设施大通道、国际经济走廊与现代流通体系建

以高速铁路、城际高铁、省际铁路、民航及路网建设为重点，发挥江苏 5G 基站、大数据中心等新基建优势，加快公铁水空综合交通及信息等重大基础设施建设；推进新亚欧大陆桥、长江和沿海、沿运河"两横两纵"大通道与中国—中亚—西亚、中蒙俄、中巴等国际经济大走廊的互联互通，为建

设开放枢纽与畅通国内国际双循环提供大通道支撑；加快商贸流通设施与物流体系改造升级，促进生产要素与商品服务的内外高效流通。

（二）推动"五型"产业集群发展与开放枢纽建设"同频共振"

有序发展批发零售、运输仓储、住宿餐饮、国际班列、跨境电商等流量型产业，促进国内外货物、资金、人才、信息等要素的集散通达。积极发展龙头企业、科技研发、现代金融等总部型产业，加快总部经济形成集聚效应。要大力发展先进制造、智能制造、科技服务、工业互联网等创新型产业，提升江苏先进制造和高端服务业在全球产业链、供应链、价值链中的位势和能级。培育发展装备制造、纺织服装、机械化工等出口型产业，推进更多江苏品牌"走出去"。发挥自贸区、经开区、高新区、跨境电商综合试验区等开放平台优势，推动"五型"产业集聚集群发展，实现集群创新发展与开放枢纽建设的"同频共振"。

（三）拓展"核心＋多元"国际市场建设高水平开放型经济

抓住用好区域全面经济伙伴关系协定（RCEP）落地深化和中欧全面投资协定有序推进的良好机遇，深化与日韩、东盟、欧盟、中亚等国家和地区的经贸合作，巩固江苏面向国际发展的核心市场和主阵地。积极拓展与美国、英国、澳大利亚、加拿大等国家的多层次交往，全面推动与"一带一路"沿线国家和地区扩大经贸规模，多措并举做好稳外资稳外贸工作，不断缩小与先进省份开放型经济总盘子的差异。发挥自贸区、高新区、跨境电商等开放型平台载体功能，加快调整外资外贸结构，大力培育外资外贸新业态、新模式。

第二节　江苏省绿色发展概况

一、江苏省绿色发展理念

党的十九大报告指出，必须树立和践行"绿水青山就是金山银山的理念"，统筹山水林田湖草系统治理，实行最严格的生态环境保护制度，形成绿色发展方式和生活方式，坚定走生产发展、生活富裕、生态良好的文明发展道路。

为了国家的整体利益，也为了在以后的发展中抢占先机，我国的各省市相继开展了"绿色新政"的竞争。江苏省着力践行绿色发展理念，着力形成节约资源和保护环境的空间格局、产业结构、生产方式、生活方式，全省生态文明建设不断向纵深推进，绿色发展底色渐浓。

（一）绿色发展新框架逐步构建

江苏在全国率先出台生态红线区域保护规划，率先划定生态红线，率先开展绿色发展评估，守住生态保护、耕地保护、城市开发边界"三条红线"。建立自然资源变化动态监测机制，提高项目的环评、能耗等准入门槛。山水林田湖草生态保护和修复工程深入实施，土地综合整治力度加大，生物多样性保护重大工程初显成效，生态环境得到休养生息。江苏省用实际行动诠释了对绿色发展的正确理解，江苏省实施"263"专项行动，整治各类环境污染，消除各种环境风险隐患，打响碧水蓝天保卫战。集中打造太湖生态保护圈、长江生态安全带以及苏北苏中生态保护网和生态保护引领区、生态保护特区，生态环境质量明显改善。明确提出加快培育发展绿色产业，构建科技含量高、资源消耗低、环境污染少的生产方式，推动经济转型升级、绿色发展。严控增量与减少存量并举，强化约束性指标管理，实行能源和水资源消耗、建设用地等总量和强度双控行动，研究建立了与污染物排放总量挂钩的财政政策，提高资源能源利用效率。江苏省开展创建节约型机关、绿色家庭、绿色学校、绿色社区和绿色出行等行动。要促进能源生产和消费革命，构建清洁低碳、安全高效的能源体系。推进资源全面节约和循环利用，实施节水行动，降低能耗、物耗，实现生产系统和生活系统循环连接。持续浓厚绿色发展氛围，引导广大群众身体力行参与美丽江苏建设。紧密对照全省主体功能区规划格局，细化本地区主体功能区划分，统筹谋划优化各项要素资源的空间布局。积极探索建立符合主体功能区建设要求的差别化政策措施，利用不同的产业准入、财政金融、土地和人口政策推动主体功能区建设。镇江市上线了全国首个"生态云"，南通市开展领导干部"环境审计"等举措促进了江苏的绿色增长。

（二）全面阐释"绿水青山就是金山银山"

2013年，江苏省率先出炉绿色发展评估报告，通过评估推进绿色增长。

2015年3月，南通市部署开展创建国家生态文明建设示范区工作。改革开放以来，江苏抢抓发展乡镇企业、外向型经济等重要发展机遇，由全国中游水平的农业省份崛起成为我国东部沿海的发达省份。江苏省的经济取得了长足的发展，成效显著。但是，江苏省的生产方式和技术水平又决定了其长期的高资源消耗和高污染排放，一度造成江苏出现了水质恶化、地面沉降、水土流失等环境问题，油、煤、电、气等资源日趋稀少。长此以往，将造成经济不可持续增长的局势。面对日益恶化的资源环境问题，政府认识到转变经济增长方式的必要性，并积极响应国家的号召促进绿色增长战略在江苏范围内的推行，各市县相继开展了"绿色江苏"行动。镇江市建设了在地图上展示碳排放的"碳平台"，并上线全国首朵"生态云"；南通市率先试点开展领导干部"环境审计"，倒逼领导干部加强环境保护建设；盐城市发展"绿色能源"，撬动能源消费结构以及产业结构转型和优化升级；"退养还湿"工程，在保护生态资源的基础上释放生态红利。江苏省"十三五"规划纲要更是明确指出：强化绿色发展导向，促进资源集约高效利用，切实提升环境质量。可见，推动"绿色增长"不仅是江苏实现可持续发展的必经之路，更是作为全国经济大省的江苏对中国应肩负的责任。

二、江苏省绿色发展举措

一直以来，江苏省把"环境美"作为"强富美高"新江苏建设的重要内涵，坚定不移走生产发展、生活富裕、生态良好的文明发展道路，确立了行之有效的污染防治攻坚作战体系。经过全省上下的共同努力，在经济快速增长、城镇化率持续提高、人民生活水平不断提升的情况下，江苏省生态环境质量取得了沧桑巨变的成效，走出了一条江苏特色的生态优先、绿色发展的新路子。

（一）建好基础工程 夯实治污基石

江苏省大力推动生态环境监测监控系统、基础设施、标准体系"三个基础性工程"建设。近五年，江苏全省一般公共预算环保支出2085亿元，年均增长8.5%，累计新建污水管网1.13万千米，新增城镇污水处理能力368万立方米每日、生活垃圾焚烧处理能力3.45万吨每日；县级以上城市污水处理厂全部达到一级 A 排放标准，行政村生活污水治理设施覆盖率达 74.6%，危废处置能力达到 221.6 万吨每年；发布地方生态环境标准 25 项，《江苏省生态环境监测条例》成为该领域首部地方性法规，为依法治污、科学治污、精准治污提供了有力支撑。

（二）压实责任健全机制 确保打赢治污攻坚战

江苏省先后被确定为全国唯一的生态环保制度综合改革试点省，以及全国唯一的生态环境治理体系和治理能力现代化建设试点省。江苏省在全国率先划定省级生态保护红线，配套出台监管考核和生态补偿办法；率先开展排污权有偿使用和交易试点，发挥市场机制有效调配环境资源；率先推行水断面"双向"补偿，运用经济杠杆激发各地治污动力；率先实施企业环保信用评价，配套实施差别水价电价政策，这一做法已在全国推广；率先启动生态环境损害赔偿制度改革，累计启动赔偿案件数量居全国前列；率先建成污染防治综合监管平台，省市县乡四级贯通，政府相关部门全联通，纪委监委全流程嵌入式再监督，压紧压实"党政同责、一岗双责"。

（三）创新治污新模式 共享生态文明建设成果

江苏省坚持依法依规监管、有力有效服务，确立环保信任保护原则，在全国率先建立环保应急管控停限产豁免机制，强化"干好干坏不一样"的鲜明导向；上线运行江苏"环保脸谱"系统，强化全社会监督；充分利用卫星遥感、无人机巡查、大数据分析等手段开展非现场检查，切实提高执法规范化、精准化水平；先后出台大气治理攻坚便民服务"12 条"、畜禽养殖"9 条"、绿色金融"33 条"、保护企业产权"23 条"等一系列服务企业、保障民生的政策措施；搭建服务外企的"绿桥"，深化"企业环保接待日"制度，累计帮助 5560 家企业解决 6620 项治污难题；推动设立总规模 800 亿元的生态环保发展基金，成立省环保集团，建立"金环对话"机制，在全国率先推出"环保贷"，开展园区生态环境政策集成改革，建设有利于降低中小企业治污成本的"绿岛"和"生态安全缓冲区"，环保激励发展的制度机制日趋完善。

（四）治污成果显著 交出环境美答卷

"十三五"时期，江苏省二氧化硫、氮氧化物、化学需氧量、氨氮四项主要污染物减排以及碳排放强度下降超额完成国家考核目标。2020年，全省PM2.5浓度38微克每立方米，较2015年下降30.9%，优良天数比率81%，上升8.9个百分点，5个设区市率先达到国家空气质量二级标准；国考断面优Ⅲ比例87.5%，上升25.3个百分点，所有重点断面均消灭劣Ⅴ类，长江干流水质稳定为优，太湖治理连续十三年实现"两个确保"；13个设区市生态环境状况等级均为"良"，生态环境质量达到21世纪以来最好，在首轮国家污染防治攻坚战考核中获得优秀等次。

三、江苏省绿色发展历史

长期以来，江苏省深入贯彻党中央、国务院生态文明建设各项决策部署，尤其是近年来，牢固树立绿水青山就是金山银山的绿色发展理念，全面推进生态文明建设，绿色已成为江苏高质量发展最浓厚的底色。根据我国基本国情以及发展理念的更新，结合江苏省情和生态文明建设的实际状况，新中国成立以来江苏生态文明建设大致分为五个阶段：早期探索阶段（1949—1977年）、扎实奠基阶段（1978—1995年）、稳步展开阶段（1996—2001年）、全面推进阶段（2002—2011年）和深化发展阶段（2012年至今）。

（一）早期探索阶段（1949—1977年）：绿化祖国，实现大地园林化

新中国成立之初，由于国内生产力水平相对落后，生态环境事业总体薄弱，生态环境保护的意识和政策体系较为缺乏，连年征战和无序砍伐使我国绿化面积锐减，植树造林这一环保措施成为当时的重要任务。1949年，江苏省只有少数山丘残存少量次生林木，有林地面积仅为84667公顷。1956年，全省有林地面积达到15万公顷，较1949年增长77.2%。1957年，国家发布《中华人民共和国水土保持暂行纲要》。江苏以发展林业为抓手，逐步建立和健全林业管理机构和林业科研、教育、勘察设计以及各级防护组织，采取一系列政策措施，以促进林业生产的发展。1975年进行的森林资源二类调查结果显示，全省林业用地54.2万公顷，其中有林地34.2万公顷，疏林地1.5万公顷，灌木林地0.8万公顷，新造林地5.2万公顷，苗圃地0.4万公顷，无林地12.1万公顷，有林地面积较1956年和1949年分别增长了228%和403.9%。

（二）扎实奠基阶段（1978—1995 年）：保护环境成为基本国策

改革开放初期，党中央、国务院从全局出发，推出一系列政策。1981 年，五届人大四次会议通过了《关于开展全民义务植树运动的决议》，提出"植树造林，绿化祖国，造福后代"的思想；1989 年，全国人大通过了《环境保护法》，并相继制定并颁布了包括《森林法》《草原法》《大气污染防治法》等资源保护和污染防治方面的法律；1990 年，《国务院关于进一步加强环境保护工作的决定》中确立了环境保护是我国的一项基本国策。1995 年，党中央、国务院把可持续发展作为国家的基本战略，号召全国人民积极参与这一伟大实践，这也标志着生态环境保护进入了新的发展阶段。上述政策对我国的生态环境保护起到了积极的影响，也指导了改革开放初期江苏省生态环境保护的具体实践。1995 年，江苏工业废水排放量 22.0 亿吨，排放达标率 65.4%；工业废气排放总量 7872.1 亿标准立方米，其中净化处理的 1547.9 亿标准立方米，占 19.7%；全省工业粉尘回收率达 80.6%；工业固体废物综合利用率达 77.5%；截至 1995 年底，全省 10 个自然保护区总面积 49.9 万公顷。

（三）稳步展开阶段（1996—2001 年）：实施可持续发展战略

1997 年，党的十五大把可持续发展战略确定为我国"现代化建设中必须实施"的战略；在可持续发展的战略思路下，我国制定了大量全国性计划与行动战略，其中，最具代表性的是《中国 21 世纪议程》和《中国环境保护行动计划》。

1996—2001 年，江苏深入实施可持续发展战略，将环境保护作为实施可持续发展的基础，将"保护生态环境就是保护生产力"践行到实处。2001 年，全省工业废水排放量 27.1 亿吨，其中符合排放标准 25.5 亿吨，排放达标率 94.0%，较 1995 年提高 28.5 个百分点；工业废气排放总量 13344.0 亿标准立方米，其中净化处理的 8545.2 亿标准立方米，占比达到 64.0%，较 1995 年提高 44.4 个百分点；当年全省工业粉尘回收率 96%，较 1995 年提高 15.4 个百分点。这一阶段江苏环保系统建设取得较大进展。

（四）全面推进阶段（2002—2011 年）：践行科学发展观，建设生态文明

党的十六大以来，以胡锦涛同志为总书记的中央领导集体提出了科学发展观，并明确了生态文明的科学概念和基本要求。至此，我国在建设中国特色社会主义的伟大实践中，从全面落实科学发展观的高度，来推进生态环境保护和建设工作。党的十七大将"科学发展观"写入党章，并首次提出"建设生态文明"的战略，建设资源节约型和环境友好型社会成为生态文明建设的着力方向。

2002—2011 年，江苏深入践行科学发展观，积极建设两型社会，2004 年，省委、省政府出台《关于落实科学发展观，促进可持续发展的意见》，以体制、机制创新和科技创新为动力，全面推进生态省建设，切实转变经济增长方式，调整优化产业结构，大力发展循环经济，努力构建发展集约型、资源节约型、生态保护型社会。

2011 年，江苏工业废水排放量由 2002 年的 26.3 亿吨下降到 24.6 亿吨，汞及其无机化合物、砷及其无机化合物、铅及其无机化合物、酚、氰化物等废水中污染物实现了大幅度削减，废水治理设施数量达 7255 套，废水治理设施日处理能力 3042.3 万吨，废气治理设施数量达 16065 套，一般工业固体废物综合利用率 94.9%，一般工业固体废物处理率 3.2%，全省林木覆盖率达 21.2%，当年环境污染治理投资总额达 549.0 亿元，城市用水普及率 99.6%，城市污水处理率 89.9%，城市建成区绿化覆盖率 42.1%，农村改水受益率 98.8%，农村自来水普及率 98.6%，农村卫生厕所普及率 87.4%。生态文明建设呈现从点到面，从"治"到"防"，从环境保护到人居条件的全面覆盖。

（五）深化发展阶段（2013 年至今）：落实新发展理念，建设美丽江苏

党的十八大以来，以习近平同志为核心的党中央把生态文明建设提到了关系中华民族永续发展的根本大计的高度，将建设美丽中国作为国家发展的重要目标之一，为生态文明建设提供了基本思路和方向。江苏深入贯彻落实习近平总书记系列重要讲话精神特别是视察江苏重要讲话精神，牢固树立绿水青山就是金山银山的发展理念，深入实施生态文明建设工程，协同推进新型工业化、信息化、城镇化、农业现代化和绿色化，坚持绿色发展、循环发展、低碳发展，坚持深化改革和创新驱动，加快形成人与自然和谐发展的现代化建设新格局，全省生态文明建设和"美丽江苏"建设全面推进。

1.污染防治强力推进，减排效果持续显现

近年来，江苏深入实施"两减六治三提升"行动，聚焦打赢污染防治攻坚战，全省污染防治工作力度前所未有。

（1）环境污染治理投资稳步提升

2012年以来，江苏省在城镇环境基础设施建设、老工业企业污染防治、环保验收项目等方面的投资均保持稳定增长，燃气、集中供热、排水、园林绿化、市容环境卫生等方面的投入不断加强，取得了明显成效。2012年以来，全省共完成环境污染治理投资总额7052.4亿元，2018年，全省环境污染治理投资总额1026.4亿元，比2012年的763.7亿元增长34.4%。

（2）治水治气能力继续提高

党的十八大以来，江苏省统筹推进城镇污水垃圾集中处理，2018年，全省城镇生活垃圾无害化处理率达100%，城镇污水集中处理率达88.0%，同时，进一步淘汰效率低下的老旧处理设施，造纸、印染、石油化工、制革、食品制造等重点行业废水治理设施日臻完善，电力、钢铁、水泥等行业脱硫脱硝设施得以兴建和有效运行，废气治理的源头环节得到有效管控。2018年末，全省拥有工业废水治理设施7138套，处理能力达到1921万吨每日；工业废气治理设施32.5万套，处理能力达到75.2亿立方米每小时。

（3）主要污染物减排效果显现

近年来，江苏省下大力气治理工业污染、严控城乡面源污染、综合防治机动车船污染，进行燃煤大机组超低排放改造，整治燃煤小锅炉，加强厂矿企业物料堆场的粉尘治理，全省化学需氧量、氨氮、二氧化硫和氮氧化物排放量逐年走低。2018年，全省化学需氧量、二氧化硫、氨氮、氮氧化物四项主要污染物排放量削减指标均完成国家下达的目标任务。全省环境空气中二氧化硫、二氧化氮年均浓度分别为12微克每立方米和38微克每立方米，一氧化碳和臭氧浓度分别为1.4毫克每立方米和177微克每立方米，与2017年相比，二氧化硫、二氧化氮和一氧化碳浓度分别下降25.0%、2.6%和6.7%，臭氧浓度保持稳定。

2.加强节约集约管理，转变资源利用方式

近年来，江苏把五大发展新理念贯穿到资源集约利用的全过程，坚持绿色发展，把资源要素集约节约利用放在优先位置。

（1）用水总量和强度双降

深入实施《江苏省节约用水条例》，完善节水技术标准体系，深入推进节水型社会示范区和载体建设。2018年江苏用水总量456.7亿立方米，较2012年下降17.3%；其中工业用水量123.4亿立方米，比2012年下降36.1%；万元地区生产总值用水量49.7立方米，用水总量和强度均降幅明显。

（2）优化空间开发利用格局

近年来，江苏严守耕地保护红线，严格保护耕地特别是基本农田，严格土地用途管制，通过布局优化使土地资源配置更加合理有效。同时，加强空间开发利用管制，落实建设用地总量和强度"双控"行动，形成集约发展的空间硬约束。2018年末，江苏省行政区域总面积1072.2万公顷，园地面积29.6万公顷，林地面积25.5万公顷，水域及水利设施用地面积298.6万公顷，耕地面积459.6万公顷，耕地保有量516.4万公顷，建设用地面积232.4万公顷。

（3）矿山恢复治理扎实推进

江苏积极实施矿山复绿工程，加强矿山生态环境管理，推进矿产资源开发过程中的生态环境保护与恢复治理，以"三区两线"（重要自然保护区、景观区、居民居住区的周边，重要交通沿线、河流湖泊直观可视范围）矿山地质环境恢复治理为重点，科学制定全省的矿山复绿工作方案，分解下达废弃矿山地质环境治理任务，集中开展矿山地质环境恢复治理工作。2012—2018年，全省累计新增矿山恢复治理面积6812.9公顷。

（4）推进固废危废综合利用

推动固体废物减量化、资源化和无害化，大力推进固体废物集中处置设施建设，截至2018年底，江苏共建成危险废物集中处置设施70座，其中焚烧处置设施53座，焚烧处置能力121.4万吨每年，填埋处置设施17座，填埋处置能力41.9万吨每年，危险废物集中处置能力163.3万吨每年。2018年，全省一般工业固体废物产生量11810万吨，综合利用量11110万吨，处置量 620 万吨；危险废物产生量 485 万吨，综合利用量 192 万吨，处置量 324 万吨。

3. 环境质量逐步改善，绿水青山相得益彰

2012 年以来，江苏不断加大自然生态系统和环境保护力度，扩大森林、湖泊、湿地面积，构筑"山水林田湖"的命运共同体，加强自然保护区保护，推进生态保护红线工作，生态状况显著改善。

（1）空气质量逐步改善

深入治理工业污染，推进燃煤机组超低排放改造，推进钢铁、焦化、玻璃行业烟气脱硝设施建设，加强钢铁冶炼行业无组织废气治理。印刷包装、集装箱制造等 7 个重点行业改用低挥发性有机物含量的水性涂料，在所有化工园区推行泄漏检测与修复技术。2018 年，江苏环境空气质量优良天数比率为 68.0%，较 2013 年提高 7.7 个百分点，PM2.5 年均浓度为 48 微克每立方米，较 2013 年下降 34.2%，超额完成国家"大气十条"中"较 2013 年下降 20%"的目标要求。

（2）水环境质量总体平稳

全面实施水污染防治工作方案，参照国家"水十条"考核规定，制定省级水污染防治考核办法，国控断面全面建立"断面长"制，由市县党政领导担任"断面长"。2018 年，纳入国家《水污染防治行动计划》地表水环境质量考核的 104 个断面中，年均水质符合《地表水环境质量标准》（GB3838—2002）Ⅲ类的断面比例为 69.2%，Ⅳ～Ⅴ类水质断面比例为 30.7%，劣Ⅴ类断面比例为 1.0%，与 2012 年（83 个国控断面）相比，符合Ⅲ类断面比例上升 25.8 个百分点，劣Ⅴ类断面比例下降 1.4 个百分点。

（3）自然保护区面积保持稳定

自 2012 年以来，江苏严格限制涉及保护区的开发建设活动，禁止在自然保护区的核心区和缓冲区内开展任何形式的开发建设活动，同时统筹考虑自然保护区涉及的土地、海域使用管理，依法确定保护区的土地所有权、使用权和海域使用权。2018 年末，全省自然保护区 31 个，其中国家级自然保护区 3 个，陆域自然保护区面积 3692 平方千米。

（4）林木覆盖率稳步提高

通过出台《江苏省生态保护与建设规划》和《江苏省湿地保护规划》，实施保护与培育森林生态系统、保护与恢复湿地和河湖生态系统等主要建设任务，恢复扩大湿地面积和提升生态功能，逐步遏制湿地面积减少和湿地功能退化不利趋势。2018 年全省林木覆盖率 23.2%，较 2012 年提高 1.6 个百分点。

4. 人居环境不断提升，绿色生活方式加速形成

近年来，江苏坚持"生态惠民、生态利民、生态为民"，始终将人民群众的获得感、参与感、满足感摆在生态文明建设的重要位置，持续聚焦改善民生，营造绿色低碳的人居环境。

（1）城乡人居环境逐年改善

着力将社会事业发展重点放在农村和接纳农业转移人口较多的城镇，持续加大城市优质公共服务向农村覆盖广度，实现水电路气等各类设施城乡联网，普惠共享。2018 年，江苏省农村卫生厕所普及率 97.6%，较 2012 年提高 6.7 个百分点，农村自来水普及率达 99.9%，较 2012 年提高 1.2 个百分点。关注群众关心的居住、出行等热点问题，着力推进生活方式、消费方式绿色化。2018 年，全省城镇公交客运量（不含出租）达到 62.0 亿人次，城镇绿色建筑占新建建筑比重突破 80%，达到 87.9%，城市建成区绿地率达到 39.7%。

（2）打造低碳节能生活方式

公共机构用能持续走低，"十二五"期间，江苏公共机构人均综合能耗、单位建筑面积能耗、人均用水下降 15.6%、13.5%、15.8%，超额完成国家下达的"十二五"节能目标，分别超出 0.6、1.5、0.8 个百分点，"十三五"以来，全省公共机构人均能耗继续保持下降，三年分别下降 11.7%、4.4%、3.2%；高效节能产品市场份额持续扩大，2018 年，全省高效节能产品市场占有率达到 70%；新能源汽车保有量持续增长，全省新能源汽车保有量由 2012 年的 0.4 万辆增加至 2018 年的 15.9 万辆。

新中国成立以来，江苏在生态文明建设方面取得了显著成就，尤其是近年来，全省上下认真贯彻习近平新时代中国特色社会主义思想特别是习近

平总书记关于江苏工作重要指示精神，扎实推进生态文明建设和生态环境保护，在经济总量、城镇化率和人民生活水平大幅提升的情况下，环境质量总体保持稳定，成效较为明显。但也要清醒地看到，当前全省生态文明建设正处于压力叠加、负重前行的关键期，生态环境质量仍然是全面小康建设的短板，与高质量发展的要求和人民群众的期盼还有较大差距。江苏将继续把整治突出环境问题同环境保护督察整改、实施三大污染防治行动计划、开展 263 专项行动等工作有机衔接、协同推进，为江苏高质量发展厚植生态底色。

第三节　江苏省绿色发展的战略意义

生态经济是江苏经济转型出关的明确方向，实现"两聚一高"奋斗目标，建设经济强、百姓富、环境美、社会文明程度高的新江苏，重中之重要抓好创新、富民、生态和社会稳定。江苏工业化程度高、经济体量大、环境容量小，发展中不仅要提升科技含量，更要彰显生态特色。江苏在经济发展新常态下加快转型升级，加快产业结构调整和发展动力转换，努力实现更高质量和效益的发展，需要把绿色经济作为新增长点。

第一，绿色发展是江苏经济转型升级的重要动力。近年来江苏正在从"数量追赶期"步入"质量提升期"，经济持续增长的资源环境约束加剧，物质要素投入边际效益递减，发展转型正处在爬坡过坎的关键时期，正经受着调整的阵痛。对照引领经济发展新常态的要求，江苏省经济发展要进一步追求质量效益。能不能冲出转型的关口，在新一轮竞争中占据先机、赢得优势，有赖于发展动力转换的速度和成效。这既取决于创新这个驱动发展的新引擎能不能成为主动力，也取决于生态环境能不能在经济转型升级中充分发挥发展要素的作用。

第二，绿色发展是弥补江苏高水平绿色发展生态短板的必然选择。只有补齐生态环境这个"突出短板"，江苏的小康才是高水平的小康。为此要下大决心、花大力气加强生态保护和环境治理，着力改善生态环境，增加生态产品有效供给，切实增进人民群众的生态福祉。只有大力发展生态经济、弥补生态环境短板，江苏高水平发展才能有坚实的物质基础。

第三，绿色发展将为江苏绿色文明建设补足绿色底色。为实现生态环境更加优美，使江苏的天更蓝、地更绿、水更清、空气更清新，需要把绿色发展作为鲜明指向。用绿色经济推动绿色文明建设取得长效进展，开创生态环境保护和治理取得重大成果、资源保护与利用水平大幅提升、突出环境问题得到有效解决、环境风险防范体系和自然灾害防御体系更加完善、生态环境质量明显好转的美好局面。由此可见，实现江苏经济转型出关，需要走绿色发展道路，实施绿色发展战略。

第二章　江苏省生态环境保护与绿色发展现状

在处理生态环境与经济发展的关系上，江苏省委、省政府坚决落实习近平总书记重要指示和党中央决策部署，把加强生态文明建设作为建设"强富美高"新江苏和高质量发展走在前列的重要内容和重要标杆。扎实推进供给侧结构性改革，全力推动高质量发展走在前列，经济运行总体平稳、稳中有进，产业发展基础稳固，结构调整稳步推进，民生福祉不断增强，生态环境持续改善，"强富美高"新江苏建设迈出新步伐。

第一节　江苏省经济社会发展概况

一、经济增长情况

2018 年，江苏省全年实现地区生产总值 92595.4 亿元，比 2017 年增长 6.7%，全省人均地区生产总值 115168 元，比 2017 年增长 6.3%。2019 年，经济活力增强，综合实力持续增强经济总量再上新台阶，初步核算，全年实现地区生产总值 99631.5 亿元，按可比价格计算，比 2018 年增长 6.1%，全省人均地区生产总值 123607 元，比 2018 年增长 5.8%。

从图 2-1 可知，江苏省从 2009 年到 2019 年地区生产总值是呈递增趋势，经济发展迅速。

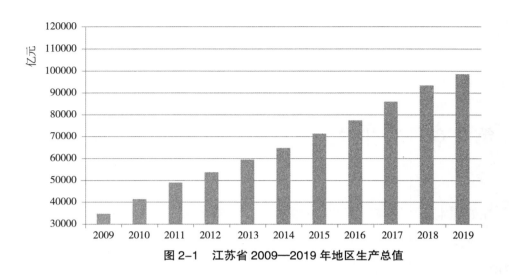

图 2-1　江苏省 2009—2019 年地区生产总值

二、产业发展水平

如表 2-1 所示，2018 年，江苏省第一产业生产总值为 4141.7 亿元，第二产业生产总值为 41248.5 亿元，第三产业生产总值为 47205.2 亿元；到 2019 年，第一产业生产总值为 4296.3 亿元，第二产业生产总值为 44270.5 亿元，第三产业生产总值为 51064.7 亿元。

表 2-1　　　　　　　2015—2019 年江苏省三大产业发展状况一览表

年份	生产总值（亿元）			
	总值	第一产业	第二产业	第三产业
2015	70116.4	3988	32043.6	34084.8
2016	76086.2	4078.5	33855.7	38152
2017	85900.9	4076.7	38654.8	43169.4
2018	92595.4	4141.7	41248.5	47205.2
2019	99631.5	4296.3	44270.5	51064.7

（数据来源：《江苏省统计年鉴》。）

从表 2-1 可以看出，从 2015 年到 2019 年，江苏省生产总值在不断增加。其中，第一产业虽然从 2015 年的 3988 亿元增加到 2019 年的 4296.3 亿元，但增速逐年放缓，并且在生产总值中所占比重逐年减少；第二产业上升明显，从 2015 年的 32043.6 亿元上升到 44270.5 亿元；第三产业增长趋势最为明显，从 2015 年的 34084.8 亿元增加到 2019 年的 51064.7 亿元，一直保持较快的增长趋势。可以看出，江苏省产业结构不断优化，更加趋于合理化。

三、固定资产投资

投资增速稳步提升。2019 年，江苏省全年固定资产投资比 2018 年增长 5.1%。其中，国有及国有经济控股投资增长 13.1%，港澳台及外商投资增长 4.3%。民间投资增长 3.0%，民间投资占全部投资比重达 69.6%。分类型看，项目投资比 2018 年增长 3.2%，房地产开发投资比 2018 年增长 9.4%。全年商品房销售面积 13972.9 万平方米，比 2018 年增长 3.6%。其中，住宅销售面积 12545.0 万平方米，比 2018 年增长 4.2%。

投资结构继续优化。第一产业投资比 2018 年增长 9.5%，第二产业投资增长 3.4%，第三产业投资增长 6.3%。第二产业投资中，工业投资增长 3.9%，其中制造业投资增长 4.6%；制造业投资占项目投资比重为 59.8%，对全部投资增长的贡献率达 37.3%。工业技术改造投资增长 8.6%，占工业投资比重达 63.3%。高新技术产业投资增长 23.3%。电子及通信设备、计算机及办公设备、医药、仪器仪表制造业投资分别增长 69.0%、23.7%、33.8% 和 79.5%。第三产业投资中，科学研究和技术服务业增长 8.6%，文化、体育和娱乐业增长 13.9%。

重点项目扎实推进。全省 226 个省重大项目完成投资 5400 亿元以上，200 个补短板重大项目完成投资 3600 亿元以上。加快完善现代综合交通运输体系，徐宿淮盐铁路、连淮铁路建成通车，苏北五市全部进入"高铁时代"；南沿江城际铁路、盐通高铁、连徐高铁等加快建设，常泰、龙潭等过江通道和宁淮城际铁路开工建设，沪通长江大桥、五峰山长江大桥顺利合龙，连云港港 30 万吨级航道二期和南京禄口机场、苏南硕放机场改扩建等工程进展顺利。水利基础设施和应急能力进一步提升。

四、就业与物价水平

就业形势持续向好。2019 年末全省就业人口 4745.2 万人，第一产业就业人口 734.5 万人，第二产业就业人口 2012.0 万人，第三产业就业人口

1998.7 万人。城镇就业人口 3282.7 万人，城镇新增就业 148.3 万人。失业率保持较低水平，2019 年年末全省城镇登记失业率 3.03%，比 2018 年提高 0.06 个百分点。全年新增转移农村劳动力 22.0 万人，转移率达 76.1%，比 2018 年末提高 0.9 个百分点。城镇失业人员再就业 94.8 万人，比 2018 年增长 6.0%。居民收入稳定增长。全省居民人均可支配收入 41400 元，比 2018 年增长 8.7%。其中，工资性收入 23836 元，增长 8.6%；经营净收入 5636 元，增长 4.6%；财产净收入 4372 元，增长 16.7%；转移净收入 7556 元，增长 7.7%。按常住地分，城镇居民人均可支配收入 51056 元，增长 8.2%；农村居民人均可支配收入 22675 元，增长 8.8%。城乡居民收入差距进一步缩小，城乡居民收入比由 2018 年的 2.26：1 缩小为 2.25：1。全省居民人均生活消费支出 26697 元，比 2018 年增长 6.8%。按常住地分，城镇居民人均生活消费支出 31329 元，增长 6.3%；农村居民人均生活消费支出 17716 元，增长 6.9%。

同时，物价水平总体稳定。2019 年，全年居民消费价格比 2018 年上涨 3.1%，其中城市上涨 3.1%，农村上涨 3.4%。分类别看，食品烟酒类上涨 7.1%，服饰类上涨 2.8%，居住类上涨 1.9%，生活用品及服务类上涨 2.3%，教育文化和娱乐类上涨 2.6%，医疗保健类上涨 1.0%，其他用品和服务类上涨 4.2%；交通和通信类下跌 1.1%（表 2-2）。食品中，粮食上涨 1.1%，食用油上涨 1.8%，鲜菜上涨 3.8%，畜肉类上涨 28.0%，蛋类上涨 5.9%，鲜瓜果上涨 12.6%；水产品下跌 0.9%。工业生产者价格有所走低。2019 年全年工业生产者出厂价格下降 1.1%，工业生产者购进价格下降 2.8%。

表 2-2　　2019 年江苏省居民消费价格指数及其构成情况一览表（以上年为基准）

指 标	全省	城市	农村
居民消费价格	103.1	103.1	103.4
食品烟酒	107.1	107.0	107.4
服饰	102.8	102.7	103.1
居住	101.9	101.9	101.7
生活用品及服务	102.3	102.2	102.5
交通和通信	98.9	98.7	99.8
教育文化和娱乐	102.6	102.8	102.1

续表

指　标	全省	城市	农村
医疗保健	101.0	100.8	101.6
其他用品和服务	104.2	104.3	103.6

（数据来源：《2019 年江苏省国民经济和社会发展统计公报》。）

五、财政与金融

财政收入稳定增长。2019 年，江苏省全年完成一般公共预算收入 8802.4 亿元，比 2018 年增长 2.0%（表 2-3）。其中，税收收入 7339.6 亿元，比 2018 年增长 1.0%；税收占一般公共预算收入比重达 83.4%，比 2018 年下降 0.8 个百分点。

表 2-3　　　　　　　　2019 年江苏省财政收入分项情况一览表

指　标	绝对数（亿元）	比 2018 年增长（%）
一般公共预算收入	8802.4	2.0
增值税	3146.7	1.4
企业所得税	1316.8	0.3
个人所得税	349.3	25.4
上划中央"四税"	6428.8	0.3
国内消费税	859.4	21.2

（数据来源：《2019 年江苏省国民经济和社会发展统计公报》。）

支出结构持续改善。2019 年，全年一般公共预算支出 12573.6 亿元，比 2018 年增长 7.9%。一般公共预算支出中，教育支出 2217.7 亿元，比 2018 年增长 7.9%；公共安全支出 855.9 亿元，增长 3.6%；卫生健康支出 905.7 亿元，增长 7.1%；社会保障和就业支出 1416.1 亿元，增长 7.6%；住房保障支出 476.8 亿元，增长 7.5%。

金融信贷规模扩大。2019 年，年末全省金融机构人民币存款余额 152837.3 亿元，比年初增长 9.4%，增加 13089.6 亿元（表 2-4）。其中，住户存款比年初增加 6967.3 亿元，非金融企业存款比年初增加 5167.0 亿元。年末金融机构人民币贷款余额 133329.9 亿元，比年初增长 15.2%，增加 17346.8 亿元。其中，中长期贷款比年初增加 9076.1 亿元，短期贷款比年初增加 6484.1 亿元。

表 2-4 2019 年江苏省金融机构人民币存贷款情况一览表

指 标	绝对数（亿元）	比年初增加（亿元）	比 2018 年末增加（%）
各项存款余额	152837.3	13089.6	9.4
住房存款	57759.2	6967.3	13.8
非金融企业存款	55032.8	5167.0	10.3
各项贷款余额	133329.9	17346.8	15.2
短期贷款	42377.5	6484.1	18.4
中长期贷款	82185.9	9076.1	12.7
消费贷款	39396.2	6117.2	19.3
住房贷款	33056.1	4531.0	15.9

（数据来源：《2019 年江苏省国民经济和社会发展统计公报》。）

证券交易市场保持稳定。2019 年年末全省境内上市公司 428 家，省内上市公司通过首发、配股、增发、可转债、公司债在上海、深圳证券交易所筹集资金 3385.2 亿元。企业境内上市公司总股本 3857.9 亿股，比 2018 年增长 6.0%；总市值 42987.7 亿元，比 2018 年增长 34.4%。2019 年年末全省共有证券公司 7 家，证券营业部 947 家；期货公司 9 家，期货营业部 177 家；证券投资咨询机构 3 家。2019 年全年证券市场完成交易额 32.1 万亿元。分类型看，证券经营机构股票交易额 18.7 万亿元，比 2018 年增长 38.9%；期货经营机构代理交易额 13.5 万亿元，比 2018 年下降 11.9%。

保险行业较快发展。2019 年，全年保费收入 3750.2 亿元，比 2018 年增长 13.1%。分类型看，财产险收入 940.9 亿元，增长 9.6%；寿险收入 2215.3 亿元，增长 11.6%；健康险收入 508.8 亿元，增长 28.8%；意外伤害险 85.2 亿元，增长 9.1%。2019 年全年赔付额 998.6 亿元，比 2018 年增长 0.2%。其中，财产险赔付 534.5 亿元，增长 4.3%；寿险赔付 294.4 亿元，下降 17.3%；健康险赔付 144.8 亿元，增长 38.7%；意外伤害险赔付 25.0 亿元，增长 4.7%。

六、科技和教育

科技创新能力增强。2019 年，全省专利申请量、授权量分别达 59.4 万件、31.4 万件，其中发明专利申请量 17.2 万件；发明专利授权量 4.0 万件；PCT

专利申请量 6635 件，增长 20.6%。万人发明专利拥有量 30.2 件，比 2018 年增加 3.7 件；科技进步贡献率 64%，比 2018 年提高 1 个百分点。全省企业共申请专利 47.2 万件。2019 年全年共签订各类技术合同 5.0 万项，技术合同成交额达 1675.6 亿元，比 2018 年增长 45.4%。省级以上众创空间 790 家。2019 年全年全省共有 55 个项目获国家科技奖，获奖总数位列全国各省第一。

高新技术产业加快发展。2019 年，组织实施省重大科技成果转化专项资金项目 102 项，省资助资金投入 9.4 亿元，新增总投入 86.0 亿元。公示高新技术企业数 10689 家，企业研发经费投入占主营业务收入比重提高至 1.6%；国家级企业技术中心达到 117 个，位居全国前列。全省已建国家级高新技术特色产业基地 162 个。

科研投入力度加大。2019 年，全社会研究与试验发展（R&D）活动经费占地区生产总值比重达 2.72%，研究与试验发展（R&D）人员 58.0 万人。全省拥有中国科学院和中国工程院院士 102 人。各类科学研究与技术开发机构中，政府部门属独立研究与开发机构达 474 个。建设国家和省级重点实验室 183 个，科技服务平台 275 个，工程技术研究中心 3679 个，企业院士工作站 349 个。

教育事业全面发展。2019 年，全省共有普通高校 142 所。普通高等教育招生 65.9 万人，在校生 208.9 万人，毕业生 53.9 万人；研究生教育招生 7.4 万人，在校生 21.5 万人，毕业生 5.0 万人（表 2-5）。高等教育毛入学率达 60.2%，比 2018 年提高 3.3 个百分点；高中阶段教育毛入学率达 99% 以上。全省中等职业教育在校生 62.2 万人（不含技工学校）。特殊教育学校招生 0.3 万人，在校生 1.9 万人。全省共有幼儿园 7608 所，比 2018 年增加 386 所；在园幼儿 253.9 万人，比 2018 年减少 1.7 万人。学前三年教育毛入园率达 98% 以上。

表 2-5 2019 年江苏省各阶段教育学生情况统计表

指标	招生数		在校生数		毕业生	
	绝对数（万人）	比 2018 年增长（%）	绝对数（万人）	比 2018 年增长（%）	绝对数（万人）	比 2018 年增长（%）
普通高等教育	65.9	5.0	208.9	4.4	53.9	0.0
研究生	7.4	6.4	21.5	10.2	5.0	5.7

普通高中教育	38.8	10.1	105.0	7.1	31.4	0.5
普通初中教育	86.2	7.5	242.5	7.4	69.3	11.2
小学教育	100.1	-2.1	572.6	2.2	87.6	7.4

（数据来源：《2019 年江苏省国民经济和社会发展统计公报》。）

七、对外经济发展

进出口保持基本稳定。2019 年，全省完成进出口总额 43379.7 亿元。其中，出口 27208.6 亿元，增长 2.1%；进口 16171.1 亿元，下降 5.7%（表 2-6）。从贸易方式看，一般贸易进出口总额 22393.6 亿元，增长 4.9%；占进出口总额比重达 51.6%，超过加工贸易 14.0 个百分点。从出口主体看，国有企业、外资企业、私营企业出口额分别下降 22.0%、增长 0.4%、增长 13.7%。从出口市场看，对美国、欧盟、日本出口分别下降 11.5%、增长 6.2%、增长 4.1%，对印度、俄罗斯、东盟出口分别增长 0.3%、9.9% 和 17.7%。从出口产品看，机电、高新技术产品出口额分别比 2019 年增长 1.9%、下降 1.8%。对"一带一路"沿线国家出口保持较快增长，出口额 7284.2 亿元，增长 12.8%；占全省出口总额的比重为 26.8%，对全省出口增长的贡献率为 147.3%。

表 2-6　　　　　2019 年江苏省货物进出口贸易主要分类情况一览表

指标		绝对数（亿元）	比 2018 年增长（%）
出口总额	一般贸易	14464.3	7.9
	加工贸易	10306.8	0.7
	工业制成品	25454.8	1.9
	初级产品	368.3	-4.4
	机电产品	17955.6	1.9
	高新技术产品	9946.6	-1.8
	国有企业	2330.6	-22.0
	外商投资企业	14863.2	0.4
	私营企业	9618.6	13.7
	合计	27208.6	2.1

指标		绝对数（亿元）	比 2018 年增长（%）
进口总额	一般贸易	7919.3	−0.2
	加工贸易	5993.0	−14.0
	工业制成品	13013.1	−6.9
	初级产品	2262.1	2.7
	机电产品	9375.3	−8.1
	高新技术产品	6594.0	−9.5
	国有企业	1484.4	11.1
	外商投资企业	11004.6	−9.2
	私营企业	3436.6	−0.5
	合计	16171.1	−5.7

（数据来源：《2019 年江苏省国民经济和社会发展统计公报》。）

2019 年，全年新批外商投资企业 3410 家，比 2018 年增长 1.9%；新批协议注册外资 626.0 亿美元，比上年增长 3.4%；实际使用外资 261.2 亿美元，比 2018 年增长 2.1%。新批及净增资 9000 万美元以上的外商投资项目 377 个，比 2018 年增长 6.8%。2019 年全年新批境外投资项目 827 个，中方协议投资额 89.5 亿美元。加快推进"一带一路"交汇点建设，2019 年全年新增"一带一路"沿线对外投资项目 289 个，比 2018 年增长 23.0%。

2019 年江苏省对主要国家和地区货物进出口情况见表 2-7。

表 2-7　　　　2019 年江苏省对主要国家和地区货物进出口情况一览表

国家和地区	出口额（亿元）	比 2018 年增长（%）	进口额（亿元）	比 2018 年增长（%）
美国	5434.1	−11.5	818.7	−14.3
欧盟	5282.6	6.2	2033.7	−0.2
东盟	3526.1	17.7	2270.9	4.6
日本	2032.1	4.1	2035.6	1.8
拉丁美洲	1563.8	10.2	908.2	2.9
韩国	1788.7	20.5	2949.9	−20.6
印度	850.6	0.3	135.7	5.2
非洲	776.7	18.7	205.7	−4.6
俄罗斯	355.1	9.9	110.8	60.9

（数据来源：《2019 年江苏省国民经济和社会发展统计公报》。）

第二节　江苏省生态环境保护现状

2018 年是我国生态环境保护事业发展史上具有重要里程碑意义的一年，习近平生态文明思想正式确立，新发展理念、生态文明、美丽中国载入宪法，生态环境机构改革自上而下全面启动。首次以党中央名义召开全国生态环境保护，发出了打好污染防治攻坚战的号召。这一年对江苏生态环境保护事业来说也是意义非凡。江苏省委、省政府召开全省生态环境保护大会，设立打好污染防治攻坚战指挥部，确立"1+3+7"攻坚战体系并出台一系列重要文件。江苏省人大常委会通过《关于聚焦突出环境问题依法推动打好污染防治攻坚战的决议》，省政协牵头开展了长三角污染防治联动民主监督，省纪委出台了《切实履行监督首要职责为打好污染防治攻坚战提供坚强纪律保障工作方案》，省公安厅、交通运输厅等专门出台文件，动员部署全系统打好污染防治攻坚战工作。全省各地认真落实党中央、国务院和省委、省政府决策部署，牢固树立"绿水青山就是金山银山"的理念，全力打好污染防治攻坚战，扎实推动生态环境质量稳步改善。

一、生态保护措施及策略

（一）强力推进治理修复，扎实改善生态环境质量

2018 年，江苏省组织实施 9100 余项治污工程，出台空气质量改善、断面水质改善 2 个强制减排方案，加强长江生态环境保护、太湖水环境综合治理。针对环境质量改善滞后的地区，严格采取驻点帮扶、强化督查、公开约谈、区域限批、挂牌督办等一系列"硬措施"。修订《江苏省重污染天气应急预案》，成功保障上合青岛峰会、国际进口博览会、国家公祭日等重大活动环境质量。太湖治理连续 11 年实现"两个确保"。完成农用地土壤污染状况详查，初步构建土壤环境信息管理平台。编制完成《生物多样性保护优先区域规划》《重点流域水生生物多样性保护方案》。推进"绿盾 2018"问题整改，取缔拆除项目 55 个，恢复湿地 7.2 万亩。

（二）重拳开展环境执法，有力震慑环境违法行为

2018年，全力配合中央生态环保督察"回头看"，建立领导包案、整改销号、奖惩挂钩等机制，督察组交办的3910件环境信访问题整改完成率达63%。完成第三批省级环保督察。联合出台两法衔接实施细则，建立"2+N"重大案件联合调查处理机制。组织开展沿江八市"共抓大保护"交叉互查、辐射安全综合检查等10余个专项行动，依法查处"辉丰案""灌河口案"等一批大案要案。全省环保部门下达行政处罚决定书1.91万件，罚款金额21.29亿元，同比上升36%和136%；配合公安机关侦办环境污染犯罪案件537件、抓获犯罪嫌疑人1575人，同比上升6%和68%。连续10年组织环保局长大接访，赴京到省信访批次、人次、来信均明显下降。省生态环境厅接报处置突发环境事件信息34起，同比减少35.8%，无较大及以上等级突发环境事件。泗洪受上游来水影响受灾得到妥善处置。

（三）围绕大局主动作为，服务经济发展成效明显

2018年，坚持"依法依规监管、有力有效服务"，出台服务高质量发展"十条"、便民服务"十二条"、畜禽规范养殖"九条"，建立"厅市会商"机制，推动苏南沿江高铁、盛虹炼化等一批大项目顺利落地。开展"企业环保接待日"，组织"千名环保干部与企业结对帮扶"。建立"金环对话"机制，联合9部门出台绿色金融"三十三条"，在全国率先推出"环保贷"，牵头举办"环保项目银企对接会"，促成意向融资169亿元。与国开行签订开发性金融合作备忘录。出台环保应急管控豁免"十一条"，首批200家企业纳入豁免名单。深化"放管服"改革，环评报告书审批时限压缩至30个工作日，8项核与辐射审批事项并入全省政务服务"一张网"。

（四）坚持系统长远谋划，生态环保基础不断夯实

2018年，修订《江苏省太湖水污染防治条例》等8个地方性法规，出台《江苏省挥发性有机物污染防治管理办法》，发布《太湖地区城镇污水处理厂及重点行业主要水污染物排放限值》等4项地方标准。制定"三线一单"，初步划定4431个环境管控单元，完成31.3万家污染源普查工作，"十三五"水专项涉苏项目扎实推进。编制江苏省生态环境监测监控系统、环境基础设施、生态环境标准等三个基础性工程建设方案以及化工园区环境治理工程实施意见，辐射预警监测实现设区市"全覆盖"。成功举办国际生态环境新技术大会。与英国埃塞克斯郡、日本爱知县、芬兰等国家和地区的生态环境部门签订 7 项合作协议，数量为历年之最。

（五）强化组织宣传引导，汇聚生态环保强大合力

围绕中央生态环保督察"回头看"、精准帮扶、服务高质量发展等主题，在主流媒体持续发声，充分运用"两微"平台，不断放大生态环保声音，特别是对"环保一刀切""环保影响发展"等杂音、噪音，主动发声、有力回击，切实坚定了决心，增强了信心。全省环保社会组织联盟增加到 34家，环保设施向公众开放点增加到 40 个，生态环境部在南京召开现场会，推广江苏经验做法。"江苏生态环境"微信公众号跃居全国省级环保政务微信排行榜第三名。

（六）稳步推进各项改革，更好破解难题激发活力

完成生态环境厅转隶组建工作，设区市局领导干部调整为以省厅为主的双重管理体制，环境监测机构"垂改"基本完成。出台生态环境损害赔偿制度改革"1+8"文件，省政府诉安徽海德公司案被最高法评为 2018 年全国十大行政民事案件。深化与污染物排放总量挂钩的财政政策。建立企业环保信任保护原则。完善企业环保信用评价制度，全省参评企业达 3.45 万家，同比增长 15%。连云港四级"湾长制"全覆盖。大力推行"试点工作法"，鼓励基层大胆改革创新。在宏观形势复杂多变、生态环境面临各种挑战压力的情况下，江苏省积极应对，精准施策，进一步巩固了全省生态环境保护稳的局面、进的势头、好的状态，努力实现了生态环境高水平保护和经济高质量发展的双赢。

二、城市环境发展概况

（一）大气环境

2018 年，全省环境空气质量优良天数比率为 68.0%，与 2017 年相比保持稳定。主要污染物中颗粒物、二氧化硫、二氧化氮和一氧化碳浓度同比有所下降，臭氧浓度同比持平。其中，细颗粒物（PM2.5）年均浓度较 2017 年下降 2.0%，达到国家年度考核目标（49 微克每立方米）。受颗粒物、臭氧

及二氧化氮超标影响，13个设区市环境空气质量均未达二级标准。

全省环境空气中PM2.5、可吸入颗粒物（PM10）、二氧化硫、二氧化氮年均浓度分别为48微克每立方米、76微克每立方米、12微克每立方米和38微克每立方米；一氧化碳和臭氧浓度分别为1.4毫克每立方米和177微克每立方米。与2017年相比，PM2.5、PM10、二氧化硫、二氧化氮和一氧化碳浓度分别下降2.0%、6.2%、25.0%、2.6%和6.7%，臭氧浓度保持稳定。

按照《环境空气质量标准》（GB3095—2012）二级标准进行年度评价，13个设区市环境空气质量均未达标，超标污染物为PM2.5、PM10、臭氧和二氧化氮。其中，13市PM2.5浓度均超标；除苏州、南通和连云港3市外，其余10市PM10浓度超标；除南通市外，其余12市臭氧浓度超标；南京、无锡、徐州、常州、苏州5市二氧化氮浓度超标。全省环境空气质量优良天数比率为68.0%，与2017年相比保持稳定，13市优良天数比率为56.2%~79.7%。2018年，按照省政府发布的《江苏省重污染天气应急预案》，全省共发布5次蓝色预警，5次黄色预警、1次橙色预警，预警天数达41天。

2018年，全省酸雨平均发生率为12.1%，降水年均pH值为5.69，酸雨年均pH值为4.94。13个设区市中有9市监测到不同程度的酸雨污染，酸雨发生率为0.9%~25.1%。徐州、连云港、盐城和宿迁4市未监测到酸雨。与2017年相比，全省酸雨平均发生率下降3.5个百分点，降水酸度和酸雨酸度均有所减弱。

表2–8　　　　2018年7月份江苏省13市环境空气质量综合指数一览表

序号	城市	环境控区质量综合指数
1	盐城市	2.81
2	连云港市	2.84
3	宿迁市	3.13
4	淮安市	3.25
5	苏州市	3.30
6	无锡市	3.42
7	泰州市	3.45
8	南通市	3.50

续表

序号	城市	环境控区质量综合指数
9	徐州市	3.58
10	南京市	3.60
11	常州市	3.74
12	镇江市	3.76
13	扬州市	4.15

（数据来源：《江苏省 2018 年国民经济和社会发展统计公报》。）

（二）水环境

2018 年，全省水环境质量总体有所改善。纳入国家《水污染防治行动计划》地表水环境质量考核的 104 个断面中，年均水质符合《地表水环境质量标准》（GB 3838—2002）Ⅲ类标准的断面比例为 68.3%，较年度考核目标（66.3%）高 2 个百分点；劣Ⅴ类断面比例为 1.0%，较年度考核目标（1.9%）低 0.9 个百分点。纳入江苏省"十三五"水环境质量目标考核的 380 个地表水断面中，年均水质符合Ⅲ类的断面比例为 74.2%（表 2-9），Ⅳ～Ⅴ类水质断面比例为 25.0%，劣Ⅴ类断面比例 0.8%。与 2017 年相比，符合Ⅲ类断面比例上升 6.6 个百分点，劣Ⅴ类断面比例持平。

表 2-9　　　　　2018 年江苏省及各设区市省考断面水质状况一览表

排名	设区市	水质优良（Ⅰ～Ⅲ）比例（%）		水质劣Ⅴ类比较（%）	
		2018 年	同比变化	2018 年	同比变化
1	泰州	91.7	4.2	0	0
2	镇江	90.0	25.0	0	0
3	徐州	83.3	16.6	0	0
4	南京	81.8	18.2	0	0
5	宿迁	80.8	11.6	0	0
6	淮安	80.0	3.3	3.3	0
7	苏州	76.0	4.0	0	0
8	扬州	71.9	6.3	0	0
9	盐城	70.6	5.9	0	0
10	无锡	64.4	11.1	0	0
11	连云港	63.6	0	0	-4.5

排名	设区市	水质优良（Ⅰ～Ⅲ）比例（%）		水质劣Ⅴ类比较（%）	
		2018 年	同比变化	2018 年	同比变化
12	常州	60.6	-3.0	0	0
13	南通	54.8	-9.7	6.5	3.3
	全省	74.2	6.6	0.8	0

（数据来源：《江苏省 2018 年国民经济和社会发展统计公报》。）

1. 饮用水源

江苏省饮用水以集中式供水为主。根据《关于印发江苏省 2018 年水污染防治工作计划的通知》（苏水治办〔2018〕3 号），2018 年，全实测 128 个县级及以上城市集中式饮用水水源地，取水总量约为 66.85 亿吨，地表水水源地和地下水水源地取水量分别占 99.7% 和 0.3%，其中长江和太湖取水量分别约占取水总量的 55.5% 和 17.6%。依据《地表水环境质量标准》（GB3838—2002）和《地下水质量标准》（GB/T14848—2017）评价，全省县级及以上城市集中式饮用水水源地标（达到或优于Ⅲ类标准）水量为 66.70 亿吨，占取水总量的 99.8%。2018 年全年各次监测均达标的水源地有 116 个，占 90.6%。

2. 太湖流域

2018 年，太湖总体水质处于Ⅳ类（不计总氮）。湖体高锰酸盐指数和氨氮年均浓度均处于Ⅱ类；总磷年均浓度为 0.087 毫克每升，处于Ⅳ类；总氮年均浓度为 1.38 毫克每升，处于Ⅳ类。与 2017 年相比，高锰酸盐指数、氨氮浓度稳定在Ⅱ类以上，总氮浓度下降 16.4%，总磷浓度上升 7.4%。湖体综合营养状态指数为 56.0，同比下降 0.8%，总体处于轻度富营养状态。4—10 月太湖蓝藻预警监测期间，通过卫星遥感监测共计发现蓝藻水华聚集现象 119 次。与 2017 年同期相比，发生次数略有增加，但最大和平均发生面积分别减少 48.6% 和 35.3%。15 条主要入湖河流中，有 11 条年均水质符合Ⅲ类，占 73.3%；其余 4 条河流水质为Ⅳ类，水质同比稳定。列入省政府目标考核的太湖流域 137 个重点断面水质达标率为 94.2%，较 2017 年上升 9.5 个百分点。

3. 淮河流域

2018 年，淮河干流江苏段水质良好，4 个监测断面年均水质均符合Ⅲ类标准，与 2017 年相比水质保持稳定。主要支流水质总体处于轻度污染，符合Ⅲ类、Ⅳ类、Ⅴ类和劣Ⅴ类水质断面分别占 67.8%、20.3%、6.7% 和 5.2%。与 2017 年相比，符合Ⅲ类水质断面比例上升 1.5 个百分点，劣Ⅴ类水质断面比例下降 0.8 个百分点。南水北调东线江苏段 15 个控制断面年均水质均达Ⅲ类标准要求。

4. 长江流域

长江干流江苏段总体水质为优，10 个断面水质均为Ⅱ类，与 2017 年相比水质保持稳定。主要入江支流水质总体处于轻度污染，41 条主要入江支流的 45 个控制断面中，年均水质符合Ⅲ类、Ⅳ类、Ⅴ类和劣Ⅴ类断面分别占 73.3%、15.6%、4.4% 和 6.7%。与 2017 年相比，符合Ⅲ类水质断面比例上升 4.4 个百分点，劣Ⅴ类水质断面比例持平。

5. 近岸海域

2018 年，全省 31 个国省控海水水质测点中，达到或优于《海水水质标准》（GB3097—1997）。Ⅱ类水质的比例为 64.5%，Ⅲ类、Ⅳ类和劣Ⅳ类水质比例分别为 9.7%、16.1% 和 9.7%。与 2017 年相比，近岸海域水质有所改善，达到或优于Ⅱ类海水水质测点比例增加 22.6 个百分点，劣Ⅳ类测点比例减少 6.4 个百分点。全省 26 条主要入海河流监测断面中，年均水质处于《地表水环境质量标准》（GB3838—2002）Ⅱ～Ⅲ类、Ⅳ类、Ⅴ类和劣Ⅴ类比例分别为 23.1%、34.6%、15.4% 和 26.9%；与 2017 年相比，符合Ⅲ类断面比例下降 11.5 个百分点，劣Ⅴ类断面比例持平。

（三）土壤环境

2018 年，江苏省对国家网 82 个土壤背景点位开展了土壤环境质量监测。82 个土壤背景点位中，有 72 个未超过《土壤环境质量农用地土壤污染风险管控标准（试行）》（GB15618—2018）风险筛选值，达标率为 87.8%。超标点位中，处于轻微污染、中度污染点位个数分别为 9 个和 1 个，占比分别为 11.0% 和 1.2%，无轻度污染和重度污染点位。无机超标项目主要为镉、砷、铜、镍和铬，有机项目未出现超标现象。

（四）声环境

2018 年，江苏省 13 个设区市及其所辖县（市）级城市开展了功能区声环境质量、区域声环境质量、道路交通声环境质量监测工作。从监测结果来看，全省声环境质量总体较好，昼间和夜间声环境质量基本保持稳定，县（市）级城市声环境质量好于设区市。

1. 区域声环境

全省设区市昼间区域声环境质量总体较好，噪声平均等效声级为 54.9 分贝，同比上升 0.3 分贝；夜间区域声环境质量总体一般，噪声平均等效声级为 46.3 分贝，较 2013 年（夜间声环境质量每 5 年监测一次）上升 0.2 分贝。13 个设区市中有 7 市达到城市区域环境噪声昼间二级（较好）水平，2 市达到夜间二级（较好）水平，其余均为三级（一般）水平。影响城市声环境质量的主要声源是社会生活噪声，昼间和夜间占比分别为 51.7% 和 52.0%，其余依次为交通噪声（昼间 28.7%、夜间 27.6%）、工业噪声（昼间 16.5%、夜间 17.3%）和施工噪声（昼间 3.1%、夜间 3.0%）。

2. 功能区声环境

依据国家《声环境质量标准》（GB3096—2008）评价，全省设区市 1~4（4a、4b）类功能区声环境昼间达标率分别为 93.5%、96.1%、100%、99.4% 和 100%，夜间达标率分别为 79.7%、89.2%、95.0%、84.3% 和 88.9%。与 2017 年相比，功能区噪声昼间平均达标率上升 0.4 个百分点，夜间平均达标率下降 1.1 个百分点。

3. 道路交通声环境

全省设区市道路交通噪声昼间平均等效声级为 66.2 分贝，同比略降 0.1 分贝；夜间平均等效声级为 56.0 分贝，较 2013 年上升 0.3 分贝。监测路段中，声强超过国家二级标准限值（昼间为 70 分贝，夜间为 60 分贝）的路段分别占监测总路长的 13.7%（昼间）和 21.5%（夜间），昼间超标路段比例较 2017 年上升 0.7 个百分点，夜间超标路段比例较 2013 年上升 1.0 个百分点。

4. 县级城市声环境质量

2018 年，全省县（市）级城市功能区噪声昼间、夜间平均达标率分别为 97.5% 和 94.3%，部分地区存在功能区噪声超标现象。县（市）级城市昼间区域声环境质量总体达到二级（较好）水平，平均等效声级为 53.7 分贝，较设区市低 1.2 分贝；夜间区域声环境质量总体达到二级（较好）水平，平均等效声级为 44.0 分贝，较设区市低 2.3 个分贝。县（市）级城市道路交通噪声昼间平均等效声级为 64.6 分贝，较设区市低 1.6 分贝，噪声强度平均为一级，声环境质量为好，有 7.7% 的路段平均等效声级超过 70.0 分贝；道路交通噪声夜间平均等效声级为 52.5 分贝，较设区市低 3.5 个分贝，噪声强度平均为一级，声环境质量为好，有 7.5% 的路段平均等效声级超过 60.0 分贝。

（五）生物环境

1. 淡水生物环境

2018 年，全省对长江流域、太湖流域、淮河流域 126 个国考断面和 23 个饮用水水源地开展水生生物监测。监测结果表明，三大流域水生生物多样性级别均为"一般"级别，长江干流江苏段情况略有改善。

2018 年，对全省 13 个设区市的主要饮用水水源地与环境空气开展微生物监测。主要饮用水水源地水质微生物指标达标率为 100%，同比上升 8.0 个百分点。64 个城市空气微生物测点中细菌含量评价为"清洁"的测点比例为 76.6%，较 2017 年上升 9.9 个百分点；霉菌含量评价为"清洁"的测点比例为 56.5%，较 2017 年下降 12.5 个百分点。

2. 海洋生物环境

2018 年，江苏管辖海域共布设海洋生物多样性测点 26 个。浮游植物共监测到 116 种，优势种为中肋骨条藻和尖刺伪菱形藻等，平均生物密度为 249.32×104 个每立方米。生物多样性指数全年平均为 2.54，物种丰富度较高，个体分布比较均匀，多样性指数较高浮游动物共监测到 60 种，优势种为小拟哲水蚤、双刺纺锤水蚤、拟长腹剑水蚤和强额拟哲水蚤等，平均生物密度为 1628.21 个每立方米，平均生物量为 596.70 毫克每立方米。生物多样性指数全年平均为 1.69，物种丰富度较低，个体分布比较均匀，多样性指数级别一般。海底栖生物共监测到 174 种，优势种为伶鼬榧螺、棘刺锚参和滩栖阳遂足，平均生物密度为 11.92 个每平方米，平均生物量为 10.46 克每平方米。生物多样性指数全年平均为 2.49，物种丰富度较高，个体分布比较均匀，多样性指数较高。潮间带底栖生物共监测到 103 种，优势种为文蛤、褶牡蛎、舌形贝、四角蛤蜊和疣荔枝螺等，平均生物密度为 111.83 个每平方米。生物多样性指数全年平均为 1.84，物种丰富度较低，个体分布比较均匀，多样性指数级别一般。

（六）生态环境

1. 全省生态环境状况

生态遥感监测结果显示，2018 年全省生态环境状况指数为 66.2，各设区市生态环境状况指数为 61.4~70.7，生态环境状况均处于良好状态。与 2017 年相比，全省生态环境状况指数下降 0.2，生态环境状况无明显变化。

2. 苏北浅滩生态监控区

2018 年，对苏北浅滩生态监控区实施了环境质量状况和生物多样性监测。监测结果表明，苏北浅滩生态监控区邻近海域水质符合Ⅰ类、Ⅱ类、Ⅲ类、Ⅳ类和劣Ⅳ类水质标准的站位分别占 27.3%、33.3%、30.3%、0.0% 和 9.1%，主要污染物为无机氮、活性磷酸盐，有轻度富营养化水体存在。浮游植物、浮游动物生物密度丰富，底栖生物、潮间带生物资源稳定。苏北浅滩生态监控区仍处于亚健康状态。

（七）辐射环境

2018 年全省辐射环境 59 个国控点和 231 个省控点监测结果表明，太湖、淮河、长江等重点流域水体及近岸海域海水、海洋生物中放射性核素浓度与 1989 年江苏省环境天然放射性水平调查测量结果处于同一水平；重点饮用水水源地取水口水中放射性指标符合《生活饮用水卫生标准》（GB5749—2006）要求。环境中电磁辐射监测结果均低于《电磁环境控制限值》（GB8702—2014）中公众曝露控制限值的要求。

全省 12 家辐照中心、12 家伴生矿开发利用企业辐射环境满足相关标准要求，江苏省城市放射性废物库库区周围水体、土壤等环境介质中放射性核素含量在本底水平范围；广播电视发射台、移动通信基站、高压输变电工程等电磁设施周围环境电磁辐射水平均满足相关标准要求。

（八）固体废物

截至 2018 年底，全省共建成危险废物集中处置设施 70 座，其中焚烧处置设施 53 座，焚烧处置能力为每年 121.4 万吨，填埋处置设施 17 座，填埋处置能力每年 41.9 万吨，全省危险废物集中处置能力为每年 163.3 万吨，同比增长 66.8%。2018 年，全省办理危险废物移入审批 751 项、危险废物移出审批 940 项。

截至 2018 年底，全省废弃电器电子产品拆解处理企业共 8 家，分别位于南京、常州、苏州、南通、淮安和扬州 6 市，形成废电视机、废冰箱、废洗衣机、废空调和废电脑年处理能力 1053.1 万台。2018 年共拆解处理 514.6 万台，其中废电视机占 44.2%、废冰箱占 14.1%、废洗衣机占 12.1%、废空调占 6.0%、废电脑占 23.6%。

（九）海洋环境

1. 海水水质

2018 年，江苏管辖海域共布设国控海水水质测点 74 个，符合优良（Ⅰ、Ⅱ类）海水水质标准的面积比例为 47.5%；符合Ⅲ类海水水质标准的面积比例 24.5%；符合Ⅳ类海水水质标准的面积比例 20.3%；劣于Ⅳ类海水水质标准的面积比例为 7.7%。海水中 pH、溶解氧、化学需氧量、石油类、重金属（铜、锌、铅、镉、铬、汞）和砷总体符合Ⅰ类海水水质标准；主要超标物为无机氮、活性磷酸盐。

2. 海水浴场

2018 年 7—9 月，对连岛大沙湾和苏马湾海水浴场开展了环境监测工作。监测结果显示，连岛海水浴场健康指数为 92，等级为"优"，适宜和较适宜游泳的天数比例为 75.0%，造成不适宜游泳的主要原因是天气不佳。

3. 海洋垃圾

2018 年，选择南通市如东洋口闸西海域、盐城市海水养殖示范园区外海域、连云港市连岛东海域、赣榆石桥镇大沙村沿海沙滩作为海洋垃圾监测区域。监测结果表明，海面漂浮垃圾、海滩垃圾主要为木制品、塑料、竹制品、钢制品、聚苯乙烯泡沫塑料和浮球等，海底垃圾主要为塑料制品。较 2017 年相比，海面漂浮垃圾密度略有上升，海滩垃圾密度有所下降，海底垃圾密度有所上升，海洋垃圾数量总体处于较低水平。海洋垃圾密度较高区域主要分布在滨海旅游休闲娱乐区、农渔业区、港口航运区及邻近海域。

第三节 江苏省绿色发展状况

改革开放以来，我国经济成就举世瞩目，城市化水平日益提高，人民财富不断增长，但过去几十年粗放的发展方式带来了一系列的资源和环境问题，资源消耗与污染排放日益严重，生态环境系统负荷加重，制约和阻碍社会经济发展的健康可持续，因此提升区域环境质量、促进资源集约化、走绿色发展道路势在必行。江苏作为东部沿海的发达地区，工业化和城镇化发展较为迅速，不仅经济总量位居全国前列，而且环境治理体系较为健全，生态建设成效显著，污染减排任务到达考核目标。但江苏总体上污染排放总量基数较大，资源利用率未实现目标水平，全省经济发展、城市建设和环境承载力不足矛盾日益突出。

一、城市绿色发展承载水平

（一）人均公园绿地面积（市区）

"公园绿地"是城市中向公众开放的、以游憩为主要功能，同时兼有健全生态、美化景观、防灾减灾等综合作用的绿化用地。从各市情况看，扬州市人均公园绿地面积位居全省第一，人均公园绿地面积为 18.70 平方米，泰州市人均公园绿地面积排名最后，为 9 平方米，不足扬州的一半，各市人均公园绿地面积差异显著。

（二）建成区绿化覆盖率

建成区绿化覆盖率反映了城市的绿化水平，是城市绿色发展的重要载体。2014 年，江苏省各市建成区绿化覆盖率都在 42% 左右，其中南京市的建成区绿化覆盖率最高，达到 46.5%。只有盐城市与淮安市绿化覆盖率不足 40%，分别为 39.5% 与 39.1%。

（三）林木覆盖率

2014 年，江苏省各市的林木覆盖率大部分在 20% 以上，其中，徐州的覆盖率情况最好，达到 31%。但是，南通、泰州、苏州三市的覆盖率均在 17% 以上，其中苏州的覆盖率情况最差为 17.01%。

（四）非建设用地比例（市区）

非建设用地主要划分为"水域""农林用地"和"其他非建设用地"三类。江苏各市市区非建设用地所占比例均在85%以上，但各市之间差异较大，宿迁的非建设用地比例最高，达到96.7%，连云港非建设用地所占比例最低，仅为85.9%。人口密度。目前各市的人口密度在全国范围内均处于较高位置，其中，无锡市的人口密度已达到1008人每平方千米，为全省人口密度最高的城市，盐城市的人口密度为480人每平方千米，其人口密度相对最小。人口密度过大，对江苏的经济社会发展有着不小的阻力。因此，如何协调好人口与经济社会发展的问题至关重要。

（五）城市燃气普及率

城市燃气是城市重要基础设施，发展城市燃气事业有利于节约能源、保护环境、方便群众生活。江苏省总体的燃气普及率在90%以上，在全国处于较高水平，也侧面反映社会经济的迅速发展。各市中，除了扬州市和宿迁市，其他市的城市燃气普及率都超过96%，其中，南通与苏州的城市燃气普及率达到100%。重要生态功能保护区数量。重要生态功能保护区包括地质遗迹保护区、生物多样性保护区、自然与人文景观保护区、水源水质保护区、湿地生态系统维护区等几类。各市均有不少重要生态功能保护区，南京市、苏州市和扬州市的生态功能保护区较多，分别为78个、71个、71个，盐城市、宿迁市和常州市保护区个数较少，为29个、26个、25个。城市污水处理率（市区）。2014年，全省各市的城市污水处理率均在80%以上，其中，无锡市的情况最好，处理率高达93.1%；苏州市紧随其后，处理率达到90.2%；盐城市与连云港市的污水处理率仅在80%左右。

二、城市绿色发展效率水平

（一）万元工业增加值能耗

万元工业增加值能耗是指企业每万元工业产值所消耗的能源量（吨标准煤）。江苏省目前能源消费结构不够合理，原煤消费量比重偏高，工业增长速度加快，能源的需求量大，能耗也偏大。从各市情况来看，各市的能耗水平在0.6~1.6吨标准煤每万元。

（二）单位 GDP 建设用地减少率

江苏人地矛盾十分尖锐突出，要用有限的土地保障经济社会可持续发展，就必须大力推进节约集约利用土地。各市单位 GDP 建设用地减少率的情况差异非常大，13 个城市中，有 7 个城市的单位 GDP 建设用地是增加的。徐州市、无锡市和南京市单位 GDP 建设用地面积基本持平，常州市单位 GDP 建设用地减少率最高。总体而言，各市集约利用土地方面的工作还有待提高。

三、城市绿色发展提升水平

（一）第三产业增加值比重

第三产业增加值比重反映一个国家或地区所处的经济发展阶段和经济发展的总体水平。从各市情况看，南京市第三产业增加值比重最大，是江苏省唯一超过 50% 的市，而宿迁、盐城、泰州三个市的第三产业增加值比重均低于 40%，其余各市差异不大。高新技术产业比重。高新技术产业比重是一个国家或地区的经济发展竞争力的测度指标。各市的高新技术产业比重差异显著，宿迁市高新技术产业比重最低，低于 10%，而盐城市的高新技术产业比重最高，高达 70%，除去这两个市，其他各市的高新技术产业比重差距相对较小。

（二）三废综合利用产品产值占 GDP 比例

三废综合利用产品产值占 GDP 比例是衡量生态环境状况的重要指标。各市的三废综合利用产品产值占 GDP 比例参差不齐，呈台阶状走势，其中南京市和淮安市的比例遥遥领先，而盐城市的三废综合利用产品产值占 GDP 比例最低，不足淮安市的 1/10。

（三）每万人拥有公交车数量

每万人拥有公交车数量是反映城市公共交通发展水平和交通结构状况的指标。从各市情况来看，2014 年，无锡市和苏州市数量最高，每万人平均 13 辆，盐城市、淮安市、宿迁市、南通市数量较低，仅 3 辆左右。总体而言，各市之间存在一定差距。

（四）资源综合利用指数

资源综合利用，包括利用废弃资源回收的各种产品，废渣综合利用，废液（水）综合利用，废气综合利用，废旧物资回收利用。资源综合利用指数可以用来综合反映一个地区的经济可持续发展能力。2014年，各市资源综合利用指数均在70以上，徐州最高，为95.1；宿迁最低，为72.0。

（五）每十万人专利申请数

专利具体可分为三种类型：发明专利、外观设计专利、实用新型专利。其中，发明专利技术含量高，其申请量和授权量代表了一个国家或地区的技术发明能力和水平。2014年，江苏省各市十万人申请专利数差异较大，苏州居于首位，达到737.4件，宿迁最少，仅为18.7件。

（六）科技活动人员占从业人员比重

科技活动人员占从业人员的比重是反映企业在科技创新主体方面的投入和拥有情况。各市科技活动人员占从业人口比重都在3.5%以下。其中，南京科技活动人员比重最大，为3.21%；宿迁比重最小，为0.17%。

（七）投入占GDP比例

目前，专家普遍认同创新型国家或地区的一个重要标志是，研发经费占GDP的比重在2%以上。2013年，江苏省全社会研发投入占地区生产总值达到了2.3%，在全国率先基本达到创新型国家投入水平。从各市看来，苏州、常州、无锡、南京的研发投入比值已超过2%，可列入创新型地区的行列。

四、城市绿色发展综合评价

（一）江苏省绿色发展水平在评价期内（2015—2017年）持续进步

2017年，"绿色发展综合指数"得分超过1分（超额完成目标），"绿色经济"得分（超过1分）和"可持续发展"得分（接近1分），表明江苏省绿色发展整体情况达到或超过国和地方要求，这佐证了当地推动绿色发展的持续努力。

（二）评价期内江苏省大部分单项评价指标进步较快

其中，2017年"可再生能源供给"得分最高，这得益于江苏各市对可再生能源领域的关注和扶持：苏州、无锡、徐州、常州、盐城、镇江、扬州、南通和连云港近年来大力推进能源结构转换，实施节能改造和清洁能源替代，积极探索新能源综合利用，持续推动当地清洁能源发展。其他进步较快的指标包括："绿色创新""能源利用""收入""社会保障""温室气体排放"和"取水量"等。这与江苏省在绿色发展全方位的努力密不可分。2016 年江苏省印发《江苏省国民经济和社会发展第十三个五年规划纲要的通知》，提出在"十三五"期间"强化科技创新引领，深入实施科技创新工程；扎实推进居民收入倍增计划，切实转变增收方式；着力提高社会保障和住房保障水平；坚持适度超前、综合发展、提升效率的原则，完善现代基础设施体系；构建清洁低碳安全高效现代能源体系等"。如切实落实好以上要求，预期未来三年大部分指标会持续向好。

（三）江苏省 2017 年"氮排放"和"大气污染"两项指标较 2016 年有所进步，但未达预期

江苏省对于控制大气污染和水污染相当重视，已经做出大量努力。例如，2016 年印发了省政府《关于深入推进全省化工行业转型发展的实施意见》，意见中明确指出："要坚持绿色发展、严格废水处理与排放、强化废气排放控制以及持续推进节能节水降耗工作"。2017 年，印发了省政府办公厅《关于推进生态保护引领区和生态保护特区建设的指导意见》，表明要扎实推进大气、水、土壤污染防治行动计划，有效解决 PM2.5 超标等复合型大气污染问题。如未来加强大气与水污染减排控制力度，确保政策的连续性和持久性，同时大力推动区域间的环境合作和共同治理，加强空气污染联防联治，则这两个指标有望在下一评估期获得更大进步。

（四）江苏省及大部分地级市"土地利用"指标有所退步，未达预期

该指标衡量了农田被其他用地取代的情况。由于江苏省是中国高度工业化和城市化地区，大多数地级市农业用地面积逐年减少。鉴于此，江苏省已于 2018 年印发了《江苏省国家级生态保护红线规划的通知》，指出，"要把生态保护红线保护目标、任务和要求层层分解，落到实处；各相关部门要依据职责分工，加强监督管理"。建议未来江苏省及省内地级市落实生态保护红线空间管控要求，协调农业资源利用与城市化过程中建设用地扩张之间的关系，并且加大力度完善生态环境监督管理体系，健全加强生态环境保护法治保障，从而控制农地面积流失，促进该指标在下一个评估期有所好转。

（五）江苏省部分城市部分年份"取水量"指标退步，未达预期

该指标表征了评估区域对水资源利用的总体情况。数据显示，南京、无锡、常州、苏州、南通、连云港在 2015 年及 2016 年两年中"取水量"指标出现退步，2017 年指标得分取得一定进步但尚未达到目标。评估期内，江苏省对于水资源利用效率给予较高的关注。例如，2015 年，江苏省政府办公厅印发《省政府 2015 年立法工作计划的通知》，制定了《江苏省节约用水条例》。2016 年，江苏省环保厅对省政协十一届四次会议第 0046 号提案（《关于加强水环境综合治理建设美丽宜居江苏的提案》）答复中明确表示："要牢固树立绿色发展理念，以改善水环境质量为核心，坚持'节水优先、空间均衡、系统治理、两手发力'，推动全省水生态环境质量持续改善"。建议未来各市进一步关注当地水资源利用效率，继续完善节水技术标准体系，在促进生态文明建设过程中大力倡导工业、农业节约用水和居民日常生活节约用水，深入推进节水型社会建设，则该项指标有望在未来评价期继续向好。

（六）江苏省各市绿色发展水平整体有所进步，绿色发展水平存在差异但尚不悬殊，其中，苏州市表现最为突出

苏州市连续三年"绿色经济"得分为全省最高，2016—2017 年两年可持续发展与 GEP+ 得分超过 1 分，绿色发展整体情况超过地方要求。从评估结果来看，全省各市 2016—2017 年绿色发展进步速度较 2015 年有很大程度的提升，南京、无锡、徐州、苏州、南通和泰州得分相对较高。2017 年无锡、徐州、常州、连云港和镇江的绿色发展水平较 2016 年取得较大进步，其中徐州市 GEP+ 得分超过 1 分，超额完成目标。未来，江苏省各市绿色发展既要形成特色也应加强合作。建议积极推动省内区域间绿色发展联动，优化生态资源配置，加强生态环境保护和污染防治工作，对尚未达到预期目标的指标给予更多关注，推动全省及各市绿色发展稳步向前。

"十三五"时期，江苏省二氧化硫、氮氧化物、化学需氧量、氨氮四项主要污染物减排以及碳排放强度下降超额完成国家考核目标。2020 年，全省 PM2.5 浓度 38 微克每立方米，较 2015 年下降 30.9%，优良天数比率 81%，上升 8.9 个百分点，5 个设区市率先达到国家空气质量二级标准；国考断面优 III 比例 87.5%，上升 25.3 个百分点，所有重点断面均消灭劣 V 类，长江干

流水质稳定为优，太湖治理连续十三年实现"两个确保"；13 个设区市生态环境状况等级均为"良"，生态环境质量达到 21 世纪以来最好，在首轮国家污染防治攻坚战考核中获得优秀等次。

五、江苏绿色发展结构及趋势

江苏绿色发展指数有了较快增长，主要是因为绿色生产指数的提升更多地推进了绿色发展指数的提升。2008—2012 年间，绿色国土、绿色资本、绿色生活等指数方面，总体处于相对稳定状况。绿色资本难以提升，与江苏有效的自然资源禀赋密切相关；绿色国土难以提升，与江苏平原主导的土地利用格局不无关系，从而在一定程度上影响了叶面积指数的增长。而由于经济社会发展，尤其是生活水平的提升，增加了消费、居住、出行等方面的资源占用和环境污染，从而也使得绿色生活指数处于阶段性稳定状况。

（一）资源节约利用效果良好

扎实推进循环发展各项举措，单位地区生产总值各类资源消耗明显降低，资源节约集约利用显著强化，促进了结构优化升级和发展方式转变，为保持经济平稳较快发展提供了有力支撑。

水资源利用方面。完成实行最严格水资源管理国家考核工作，在管理制度工作中成绩突出，获国务院办公厅通报表扬，同时积极建设节水型社会，在实施《江苏省节约用水条例》基础上，完善节水技术标准体系，深入推进节水型社会示范区和载体建设。2016 年全省水资源总量 741.8 亿立方米，比 2012 年增长 98.7%；用水总量 453.2 亿立方米，下降 17.9%；其中工业用水量 124.3 亿立方米，下降 35.6%；全省万元地区生产总值用水量 60.0 立方米，万元工业增加值用水量 41.2 立方米，用水总量和强度均降幅明显。

土地资源利用方面。土地利用总体规划调整完善，"多规合一"和土地综合整治等工作取得了积极成效，通过布局优化使全省土地资源配置更加合理、更加有效。同时，加强空间开发利用管制，落实建设用地总量和强度"双控"行动，形成集约发展的空间硬约束，耕地和建设用地面积总量五年间变化不大。

固废综合利用方面。全面实施固废法及相关法律法规，积极推动固体废物减量化、资源化和无害化，大力推进固体废物集中处置设施建设，全省危险废物安全处置能力提高到 62.3 万吨每年。2016 年，全省一般工业固体废物产生量 11648.5 万吨，较 2012 年增长 13.9%，一般工业固体废物综合利用量 10661.7 万吨，增长 14.1%，综合利用量增速略高于产生量，一般工业固体废物综合利用率达 91.2%，较 2012 年提高 0.1 个百分点。

（二）环境污染治理成果显现

江苏以生态优先、环保先行倒逼经济转型升级，加大环境污染治理投资，以治污工程为抓手削减污染物排放总量，环保基础设施、环保能力和装备建设的投入力度持续增强。以治理工业污染、严控城乡面源污染、综合防治机动车船污染为工作重点，进行燃煤大机组超低排放改造，整治燃煤小锅炉，加强厂矿企业物料堆场的粉尘治理，持续开展省级标准化示范文明工地建设，全省建筑工地扬尘控制合格率保持在 90% 以上，同时对新购和转入的轻型汽油车、轻型柴油客车全面执行国五标准。2012—2016 年，化学需氧量、氨氮、二氧化硫和氮氧化物排放量逐年走低，2016 年，全省化学需氧量排放量 74.7 万吨，氨氮排放量 10.3 万吨，二氧化硫排放量 57.0 万吨，氮氧化物排放量 93.0 万吨。

当前，环境污染治理投资重点在城市和县城环境基础设施建设投资、工业污染源治理项目投资、环保验收项目环保投资三方面，尤其在燃气、集中供热、排水、园林绿化、市容环境卫生等城市和县城环境基础设施建设方面的投入不断加强，取得了明显成效。2016 年，全省环境污染治理投资总额 1009.2 亿元，比 2012 年的 763.7 亿元增长 32.1%，其中，城镇环境基础设施建设当年完成投资 453.2 亿元，工业污染源治理当年完成投资 74.8 亿元，通过环保验收的项目当年完成环保投资 481.2 亿元，分别比 2012 年增长 19.2%、33.8% 和 46.9%。

统筹推进污水集中处理，淘汰效率低下的老旧处理设施，造纸、印染、石油化工、制革、食品制造等重点行业废水治理设施日臻完善，处理能力明显提升，电力、钢铁、水泥等行业脱硫脱硝设施得以兴建和有效运行，废气治理的源头环节得到有效把控。2016 年末，全省拥有工业废水治理设施 6479 套，较 2012 年减少 1016 套，但处理能力达到 2053.9 万吨每日，增长

5.2%；工业废气治理设施 25652 套，比 2012 年增加 8011 套，处理能力达到 202910.9 万立方米每小时，增长 204.5%。

（三）环境质量总体向好

大力推进环境综合整治，强化水、大气、土壤等污染防治，深入实施"清水蓝天"工程，集中整治突出环境问题，不断提高人民群众对生态环境的满意度。

通过实施 15 大类 4288 项重点治气工程，突出加强石化、化工、电子等重点行业的有机废气治理，在全省化工园区普及推广化工废气泄漏检测与修复技术，在印刷包装、汽车船舶制造等七大行业全面推行低挥发性有机物含量的生产材料替代，大幅削减挥发性有机物排放总量。2016 年全省环境空气中 PM2.5、PM10、二氧化硫、二氧化氮年均浓度分别为 51 微克每立方米、86 微克每立方米、21 微克每立方米和 37 微克每立方米，较 2013 年分别下降 30.1%、25.2%、40% 和 9.8%，其中二氧化硫较 2012 年的 34 微克每立方米明显下降；二氧化氮浓度持平；一氧化碳按年评价规定计算，浓度为 1.7 毫克每立方米，较 2012 年下降 19.0%。按照《环境空气质量标准》（GB3095—2012）二级标准进行日评价，2016 年全省环境空气质量达标率为 70.2%，较 2013 年上升 9.9 个百分点。

全面实施水污染防治工作方案，参照国家"水十条"考核规定，制定省级水污染防治考核办法，国控断面全面建立"断面长"制，由市县党政领导担任"断面长"，并通过主流媒体公开名单。2016 年列入国家《水污染防治行动计划》地表水环境质量考核的 104 个断面中，水质符合《地表水环境质量标准》（GB3838—2002）Ⅲ类的断面比例为 68.3%，Ⅳ～Ⅴ类水质断面比例为 29.8%，劣Ⅴ类断面比例为 1.9%，与 2012 年相比，Ⅲ类水体比例明显提升，劣Ⅴ类水体比例明显下降。（2012 年 83 个国控断面中，Ⅰ～Ⅲ类水质断面占 43.4%，Ⅳ～Ⅴ类水质断面占 54.2%，劣Ⅴ类水质断面占 2.4%。）

加强近岸海域污染防治，组织排查入海排污口设置情况，规范入海排污口管理。针对劣Ⅴ类入海河流，逐条编制环境综合整治计划，将Ⅴ类入海河流纳入强化监管清单。2016 年，全省近岸海域 31 个国省控海水水质测点中，符合或优于《海水水质标准》（GB3097—1997）Ⅱ类标准的比例为 61.3%，

Ⅲ类、Ⅳ类和劣Ⅳ类水质比例分别为22.6%、12.9%、3.2%，优于Ⅱ类标准比例与2012年基本持平。（2012年全省近岸海域24个海水水质测点中符合《海水水质标准》（GB3097—1997）Ⅰ类、Ⅱ类的海水测点比例分别为20.8%、41.7%。）

（四）生态保护修复力度不减

始终强化生态保护和监管。2012—2016年，江苏省自然保护区数量保持稳定，林木覆盖率逐步提高，自然湿地保护面积增加，矿山恢复治理工作稳步推进。从自然保护区建设看。自2012年，江苏严格限制涉及保护区的开发建设活动，禁止在自然保护区的核心区和缓冲区内开展任何形式的开发建设活动，同时统筹考虑自然保护区涉及的土地、海域使用管理，依法确定保护区的土地所有权、使用权和海域使用权。2016年末，全省自然保护区31个，其中国家级自然保护区3个，自然保护区面积56.64万公顷，占辖区面积的5.5%，与2012年持平。

林木湿地保护。出台《江苏省生态保护与建设规划》和《江苏省湿地保护规划》，实施保护与培育森林生态系统、保护与恢复湿地和河湖生态系统等主要建设任务，恢复扩大湿地面积和提升生态功能，逐步遏制湿地面积减少和湿地功能退化不利趋势。2016年全省林木覆盖率22.8%，较2012年提高1.2个百分点；自然湿地保护率46.2%，较2012年提高16个百分点；活立木蓄积量由2010年的8461.4万立方米提升到2015年的9609.6万立方米。

矿山恢复治理。五年来，江苏积极实施矿山复绿工程，加强矿山生态环境管理，推进矿产资源开发过程中的生态环境保护与恢复治理，围绕生态省建设目标，以"三区两线"（重要自然保护区、景观区、居民居住区的周边，重要交通沿线、河流湖泊直观可视范围）矿山地质环境恢复治理为重点，科学制定全省的矿山复绿工作方案，分解下达废弃矿山地质环境治理任务，集中开展矿山地质环境恢复治理工作。2012—2016年，全省"三区两线"新增矿山恢复治理面积分别为805.3公顷、530.7公顷、1200.5公顷、966.7公顷、359.8公顷，累计新增矿山恢复治理面积3863公顷。

（五）绿色生产生活方式正在形成

加快生态文明建设，缓解经济发展与资源环境之间的矛盾，江苏主动适应经济发展新常态，深入实施转型升级工程，积极构建科技含量高、资源消耗低、环境污染少的产业结构，同时聚焦改善民生，营造绿色低碳的人居环境。

2012—2016年，江苏经济转型升级取得重大进展，创新型省份建设迈出重要步伐，创新水平和创新能力迈上新台阶。坚持调高调轻调优调强调绿的导向，深入实施转型升级工程，推进产业高端化、高技术化和服务化发展，加快健全以高新技术产业为主导、服务经济为主体、先进制造业为支撑、现代农业为基础的现代产业体系，推动先进制造业和现代服务业成为主干部分。2016年，全省服务业增加值占地区生产总值比重50.5%，比2012年提高7个百分点，三次产业结构调整实现标志性转变；研发经费支出相当于地区生产总值比例2.66%，提高0.33个百分点；高新技术产业产值占工业产值比例41.5%，提高4个百分点，产业结构逐步向中高端迈进。

江苏省以人民群众的切身感受为出发点，着力完善城乡基础设施、改善人居环境、便捷群众生活，着力将社会事业发展重点放在农村和接纳农业转移人口较多的城镇，持续增加城市优质公共服务向农村覆盖的广度，实现水电路气等各类设施城乡联网，普惠共享。2012—2016年，城市用水普及率由99.7%提升到99.9%，城市污水处理率由90.7%提升到94.6%，城市污水处理厂集中处理率由74.2%提升到81.2%，城市生活垃圾无害化处理率由95.9%提升到99.9%，2016年农村卫生厕所普及率97.2%，较2012年提高6.3个百分点。

关注群众关心的居住、出行等热点问题，坚持绿色发展、绿色惠民，着力推进生活方式、消费方式绿色化，加快建设资源节约型、环境友好型社会，推进美丽宜居新江苏建设，促进经济发展与生态文明相辅相成、人与自然和谐共生。五年来，全省城市建成区绿化覆盖率由42.2%提升到42.9%，城市人均公园绿地面积由13.6平方米提升到14.8平方米。全省新能源汽车保有量由2012年的3600余辆增加至2016年的逾5万辆，城市公交客运量由60.8亿人次提升至68.5亿人次。低碳、高效、绿色、便捷的生活方式正在逐步形成。

第四节　江苏省绿色发展的政策动态

江苏省重化型产业结构、煤炭型能源结构、开发密集型空间结构尚未根本改变，绿色技术创新能力亟待提升，绿色产业体系尚未完全形成，促进绿色产业发展的体制机制还有待健全等问题依然存在。为深入贯彻习近平总书记关于绿色发展重要讲话精神和国家层面关于绿色发展的最新要求，自觉践行新发展理念，抓住用好绿色发展战略机遇，推动绿色产业高质量发展走在前列。党的十八届五中全会首次明确将"绿色发展"作为我国今后发展"五大理念"之一提出。江苏省提出，要统筹推进"生态文明建设"，强调江苏要走生态优先的绿色发展之路，就是要彰显发展的"绿色"底色，用"绿色"力量来激发出江苏经济的内生动力。近年来，江苏省高度重视，出台了多项政策支持和推进绿色发展。

一、以绿色产业保证高质量发展

2020 年 3 月，江苏省印发《省政府关于推进绿色产业发展的意见》，提出到 2022 年，绿色产业发展水平显著提升，产业链耦合共生、资源能源高效利用的绿色低碳循环产业体系初步建立，绿色产业发展的体制机制逐步完善，基本形成绿色产业发展的生产生活方式，绿色产业发展水平走在全国前列。到 2030 年，绿色产业发展成为"强富美高"新江苏建设的亮丽名片，形成一批世界级绿色产业集群，城乡建设更加美丽宜居，绿色产业发展的生产方式和生活方式全面形成，绿色产业发展的体制机制更加成熟定型，经济高质量发展和生态环境高水平保护持续走在全国前列。

二、自然资源的环保体系平稳推进

为贯彻落实《中共中央办公厅、国务院办公厅〈关于建立以国家公园为主体的自然保护地体系的指导意见〉的通知》精神，江苏省于 2020 年 7 月制定《关于建立健全自然保护地体系的实施意见》，以建立健全自然保护地体系为核心，推动江苏高质量发展走在前列，为建设"强富美高"新江苏奠定良好的生态基础。该意见指出，到 2020 年，完成全省自然保护地边界现状调查，启动自然保护地整合优化，开展条件成熟的自然保护地勘界定标工作。到 2025 年，完成全省自然保护地整合优化、勘界立标，按照国家部署做好自然保护地的自然资源统一确权登记工作，全面落实自然保护地管理机构，建立健全基本政策法规、建设管理、监督考评等制度体系。到 2035 年，全面建成以国家公园和自然保护区为主体、各级各类自然公园为基础的自然保护地体系，力争建成 1~2 个国家公园。

（一）积极构建自然保护地体系

对全省重要的自然生态系统、自然遗迹、自然景观及其所承载的自然资源、生态功能和文化价值的区域科学设置自然保护地，实施长期保护。发挥自然保护地守护自然生态、保育自然资源、保护生物多样性与景观多样性功能，提高自然生态系统的公共产品和生态服务效益，实现人与自然和谐。将自然保护区整体和自然公园内需要严格保护的生态功能极其重要、生态环境极度敏感脆弱的管控限制区域与生态保护红线相衔接。

根据国家分类分级标准，自然保护地分为国家公园、自然保护区和自然公园 3 类，其中自然公园包括风景、森林、湿地、地质、海洋等类型。中央直接管理和中央地方共同管理的自然保护地由国家批准设立；地方管理的自然保护地由省级政府批准设立，管理主体由省级政府确定，市、县级政府和省有关部门不得审批设立自然保护地。

立足江苏自然资源禀赋，突出系统保护，依托世界自然遗产、国家级自然保护区和风景名胜区等，按照国家公园布局规划和设立标准，将最具有保护价值、最重要生物多样性集中分布区域培育建成国家公园。国家公园区域内一律不再保留或设立其他类型的自然保护地。

依据国土空间规划，对接"三区三线"空间布局，将生态功能重要、生态系统脆弱、自然生态保护空缺区域纳入自然保护地生态体系，编制全省自然保护地发展规划。自然保护地总体规划应由专业单位编制，并按规定审批。经批复的自然保护地规划应严格实施，不得随意调整，确须调整的，应按规定报批。

（二）规范自然保护地建设管理

按照生态系统的原真性、完整性、系统性及各自然保护地的属性特点和内在规律，实行整体保护、系统修复。坚持以自然恢复为主、人工措施为辅的原则，分类开展受损自然生态系统修复。按照国土空间生态修复规划，统筹实施自然保护地内及自然保护地之间生态廊道建设、野生动植物重要栖息地恢复。加强自然保护地保护管理的各项基础设施和技术装备建设，提高规范化、标准化建设能力和水平。

严格按照自然保护地整合优化要求，依据保持生态系统完整性以及保护从严、级别从高和同级别保护强度优先的原则，将交叉重叠或在同一自然地理单元内相连（邻）的自然保护地整合优化为1个自然保护地，科学评价自然保护地主体价值和服务功能，确定自然保护地类型和范围，做到一个保护地、一套机构、一块牌子。原则上整合优化后各设区市自然保护地总面积不减少。

自然保护地设立、晋（降）级、调整和退出实行统一审批，中央直接管理和中央地方共同管理的自然保护地按国家有关规定审批和管理；地方管理的自然保护地由设区市政府申报，省政府批准，由市县两级政府管理，省级林业主管部门负责全省自然保护地监督管理；市、县级政府负责做好本行政区域内自然保护地勘界立标、规划编制、建设保护及经济发展、社会管理、公共服务、防灾减灾、生态环境保护、市场监管等工作；市、县林业主管部门负责辖区内自然保护地的监督管理；跨行政区域的自然保护地由所在市、县（市、区）的共同上一级林业主管部门负责监督管理。自然保护地管理机构负责本自然保护地的日常管理。

按国家规定，国家公园和自然保护区实行分区管控，原则上将原自然保护区的核心区和缓冲区划为核心保护区，原实验区划为一般控制区，原核心区、缓冲区内的重要历史人文景观、寺庙、纪念馆等特殊情况可以划为一般控制区。核心保护区内除满足国家特殊战略需要和国家规定允许开展的活动外，原则上禁止人为活动；一般控制区内除满足国家特殊战略需要和符合规定允许开展对生态功能不造成破坏的人为活动外，限制人为活动。自然公园原则上按一般控制区管理但实行两区管控，重要脆弱的生态系统、自然遗迹、自然景观和珍稀物种集中分布地设为管控限制区，禁止建设与保护无关的项目；其他区域为合理利用区，在不超过生态承载力的前提下，可适度开展生态养殖、生态旅游、林下经济、科普宣教、自然体验、森林康养等活动；对以生产经营为首要任务、以林场为基础设立的森林自然公园，在符合森林经营方案前提下，允许开展正常生产经营活动。

自然资源部门要会同有关部门，统一组织实施全省自然保护地资源调查，根据国家规定按照分级和属地相结合的方式进行登记管辖，将每个自然保护地作为独立的登记单元，清晰界定自然保护地范围内各类自然资源资产的产权主体，划清资产所有权、使用权的边界，确保权属主体明确、资源边界清晰、登记信息完整。自然保护地调整的，登记机构依法及时办理变更。

（三）创新自然保护地管理机制

对自然保护地范围边界不清和确因技术原因造成图件与实地不符等问题，可以按管理程序一次性纠正。核心保护区内原住居民应实施有序搬迁。经科学评估，将保护价值低的建制城镇、村庄社区或人口集中居住区、民生设施、人工商品林等调整出自然保护地。对整合优化后自然保护地一般控制区内的探矿采矿、水（风）电开发、工业建设等项目，分类处置、有序退出，恢复生态。

按照"谁保护、谁受益"原则，建立健全生态补偿制度。探索建立自然保护地生态补偿机制，完善自然保护地内公益林补偿机制并逐步提高补偿标准。对依法清退的探矿采矿、水（风）电开发、工业建设等项目，应按规定给予补偿。

探索建立自然保护地内对自然资源、生态环境、生物多样性有影响的建设项目负面清单，制定完善自然保护地建设项目审批管理制度和自然资源有偿使用制度。探索通过购买、置换、协议、合作、特许经营等方式，维护产权人权益，实现多元化保护。按照自然保护地整体保护目标，鼓励通过签订合作保护协议等方式，对自然保护地周边自然资源实行共同保护利用。

探索建立保障自然保护地内居民正常生产生活的工作机制，鼓励自然保护地内及周边村（社区）、居民参与自然保护地经营管理、生态公益管理和自然保护地特许经营项目建设。在严格保护的前提下，在合理利用区内，引导原住居民转产转业转型，发展生态旅游等生态经济。建立企业、社会组织和个人等志愿者服务激励机制，实现自然保护地保护、建设和发展多元化。

（四）完善强化自然保护地监督评价

自然资源、生态环境等部门要会同自然保护地主管部门，加快建设统一的全覆盖、全天候、全要素的自然资源和生态环境监测系统。开展自然保护地综合监测，掌握自然保护地内的自然要素和人类活动变化情况。依托自然资源和生态环境监测结果和大数据分析等现代化技术手段，构建智慧自然保护地，及时做好生态风险预警。

制定以自然资源、生态环境和生态服务价值为核心的评估指标体系和办法，探索引入第三方开展自然保护地管理成效评估。将自然保护地管理成效评估评价成果，纳入国土资源节约集约利用综合评价考核，作为市、县党政领导班子和领导干部综合评价、责任追究、离任审计的重要参考。

按照国家统一部署和生态环境综合执法改革要求，协调建立多部门参与的执法工作机制。生态环境部门要定期或不定期开展执法监督活动，从严查处危害自然保护地生态安全的行为。制定自然保护地生态环境监督实施细则，加大对保护不力责任主体的督察问责力度。建立行政执法、刑事司法、检察公益诉讼衔接的工作机制，严厉打击涉及自然保护地的违法犯罪行为。

（五）完善健全保障措施

各级党委、政府要切实提高政治站位，认真履行自然保护地建设管理的主体责任，加强对自然保护地体系建设的组织领导，及时研究解决重大问题。省级自然保护地主管部门要发挥职能作用，加强统筹协调，强化监督指导。省有关部门要各司其职，加强工作沟通，强化督促指导，形成工作合力。

严格落实自然保护地建设管理相关法律法规，研究制定与国家自然保护地法律法规配套的地方性法规和相关管理制度。探索建立自然保护地公益治理、社区治理、共同治理工作机制。建立完善自然保护地生态补偿、野生动物肇事损害赔偿和野生动物伤害保险等制度。

建立以财政投入为主的多元化资金保障制度，并根据财力状况构建适当增长机制。统筹包括中央投入在内的各级财政资金，加大对自然保护地体系建设、保护管理、科研推广以及基础设施建设、科学考察、监测评估等经费支持。探索建立生态补偿资金与自然保护地保护成效挂钩机制。

加强各级自然保护地管理机构建设，根据国家自然保护地机构设置、职责配置、人员编制等管理办法，研究提出全省落实意见。培养、引进自然保护地建设发展急需的管理和技术人才，建立符合自然保护地专业技术岗位特点的职称评聘办法。利用各种现代化平台开展业务培训，不断提高队伍素质。

发挥科研院校和专业单位作用，加强多学科协作研究和集成创新，加快科研成果转化应用。推进自然保护地标准化、智慧化建设，构建全省自然保护地数据库。加强自然保护地资源可持续利用、生态产业化发展等技术支撑。

三、为建设美丽中国贡献江苏力量

党的十九大将建设美丽中国作为建设社会主义现代化强国的重要目标。习近平总书记为江苏擘画的"强富美高"宏伟蓝图，赋予了江苏省建设美丽江苏的重大使命。为深入推进美丽江苏建设，更好推动高质量发展，满足人民群众美好生活需要，2020 年 8 月，江苏印发《关于深入推进美丽江苏建设的意见》。

（一）准确把握美丽江苏建设目标要求

坚持以习近平新时代中国特色社会主义思想为指导，全面贯彻习近平总书记对江苏工作重要讲话指示精神，牢固树立绿水青山就是金山银山理念，坚定走生产发展、生活富裕、生态良好的文明发展道路，以优化空间布局为基础，以改善生态环境为重点，以绿色可持续发展为支撑，以美丽宜居城市和美丽田园乡村建设为主抓手，建设美丽江苏，共创幸福家园，充分彰显自然生态之美、城乡宜居之美、人文特色之美、文明和谐之美、绿色发展之美，让美丽江苏美得有形态、有韵味、有温度、有质感，成为"强富美高"最直接最可感的展现，成为江苏基本实现社会主义现代化的鲜明底色。

深入推进美丽江苏建设，要坚持生态优先、绿色发展，统筹推进经济生态化与生态经济化，加快形成绿色发展方式和生活方式。坚持以人为本、可观可感，积极回应群众关切的问题，着力补短板、强弱项，既塑造可观的"外在美"，又提升可感的"内在美"。坚持系统谋划、彰显特色，强化规划设计引领，保护传承历史文化，切实维护自然山水和人居风貌。坚持整体推进、重点突破，聚焦重要领域和关键环节，协同推进经济绿色转型发展、人民生活品质提升、生态环境保护修复。坚持全民参与、共建共享，建立健全政府、社会和公众协同推进机制，增强价值认同，凝聚整体合力。

到2025年，美丽江苏建设的空间布局、发展路径、动力机制基本形成，生态环境质量明显改善，城乡人居品质显著提升，文明和谐程度进一步提高，争创成为美丽中国建设的示范省份。到2035年，全面建成生态良好、生活宜居、社会文明、绿色发展、文化繁荣的美丽中国江苏典范。

（二）持续优化省域空间布局

对接国家"一带一路"建设、长江经济带发展、长三角一体化发展等重大战略规划，建立健全省域国土空间规划体系，形成全省国土空间开发保护"一张图"，加快构建生产空间集约高效、生活空间宜居适度、生态空间山清水秀、可持续发展的高品质国土空间格局。统筹划定落实生态保护红线、永久基本农田、城镇开发边界三条控制线，作为调整经济结构、规划产业发展、推进城镇化不可逾越的红线，建立覆盖全省的"三线一单"生态环境分区管控体系。切实发挥国土空间规划的战略引领和刚性管控作用，分区分类实施国土空间用途管制，探索规划"留白"制度，为未来发展预留空间。

完善和落实主体功能区战略，做好区域互补、跨江融合、南北联动大文章，着力形成以都市圈和城市群为主体，以农产品主产区、重点生态功能区为支撑，美丽宜居城市、美丽特色城镇、美丽田园乡村有机贯通的空间形态。统筹山水林田湖草系统治理和空间协同保护，推进长江、淮河—洪泽湖、京杭大运河、黄河故道等生态廊道和江淮生态大走廊建设，形成森林、湖泊、湿地等多种形态有机融合的自然保护地体系。加快构建现代综合交通运输体系，大力发展轨道交通，完善高速公路网络，放大水运特色优势，打造绿色交通圈、高品质出行圈，建设万里骑行绿道网，让人民群众享有便捷高效、绿色健康的出行体验。强化水安全保障体系建设，优化水资源配置网络，完善区域水利治理，切实维护江淮安澜、百川清流。

系统构建全省特色空间体系，坚持沿江沿河沿湖沿海"四沿"联动，着力优化完善区域空间治理，形成各具特色、各展所长、各现其美的美丽江苏区域空间格局。沿江地区对标世界级城市群，统筹产业转型升级和生态环境保护，更大力度"砸笼换绿""腾笼换鸟""开笼引凤"，建设高质量发展的绿色生态经济带。沿海地区加强自然岸线、滩涂湿地等生态资源保护修复，深化陆海统筹、江海联动、港产城融合发展，打造令人向往的生态风光带、人海和谐的蓝色经济带。沿大运河地区突出文化为魂和生态优先，一体建设高品位、高颜值、高水平的文化长廊、生态长廊、旅游长廊，打造中国大运河最繁华、最精彩、最美丽的"江苏名片"。沿太湖地区深化全流域系统治理，大力推进太湖生态清淤、堆泥成山、湿地建设，提升科技创新策源功能，打造环太湖科技创新圈，建设世界级生态湖区、创新湖区，给太湖流域增添更多美丽色彩。沿黄河故道地区协调推进生态保护和高质量发展，加快发展高效特色农业，打造千里生态富民廊道和现代农业基地。沿洪泽湖、高邮湖、微山湖、骆马湖等地区筑牢生态安全屏障，协同推进淮河生态经济带建设，构筑支撑江苏可持续发展的"绿心地带"。探索在区域之间、城乡之间打破边界限制，整合各类资源要素，打造城乡特色魅力区。

（三）全面提升生态环境质量

统筹经济社会发展和环境保护、生态建设，建立健全绿色低碳循环发展的经济体系。开展绿色创新企业培育行动，强化绿色制造关键核心技术攻关，实施绿色技术研发重大项目和示范工程，培育一批绿色技术创新龙头企业和绿色工厂，建设一批绿色产业示范基地和绿色循环发展示范区。大力发展融合型数字经济，全面提高产业数字化、网络化、智能化发展水平。实施产业基础再造工程，提高13个先进制造业集群绿色发展水平，推动生态环保产业与5G、人工智能、区块链等创新技术融合发展，构建自主可控、安全可靠的绿色产业链。持续推进石化、钢铁、建材、印染等重点行业清洁生产，鼓励开展智能工厂、数字车间升级改造，推动传统制造业绿色转型。大力发展生态农业和智慧农业，鼓励发展绿色有机种植和生态健康养殖，建设绿色优质农产品基地，积极创建国家绿色农业发展先行区，到2025年绿色优质农产品比重达到75%以上。

着力加强大气污染防治，推进温室气体与大气污染物协同治理，降低PM2.5和臭氧浓度，到2025年全省空气质量优良天数比率达到78%以上，到2035年全面消除重污染天气。深入实施河湖长制，持续推进重点流域水环境治理，坚持陆海统筹保护海洋环境，严格饮用水水源地保护和管理。全面贯彻"共抓大保护、不搞大开发"方针，把修复长江生态环境摆在压倒性位置，加快推进污染治理工程建设，着力打造一批特色示范段。到2025年全省国考断面Ⅲ类水质比例提高到80%。聚焦"重化围江""散乱污危"小化工等问题，持续开展化工行业整治提升。积极建设"无废城市"，深化秸秆综合利用，推动建筑垃圾和工业固体废物处置及循环利用。强化土壤污染源头预防、调查评估与风险管控，组织开展重点地区和重点地块污染修复。紧盯危险废物、危化品等领域，有效防范和化解生态环境风险。

推进国土空间全域综合整治，实施废弃矿山和采煤塌陷地治理、海洋生态保护修复等工程。推进林地、绿地、湿地同建，加强生物多样性保护，构筑绿色生态屏障。深入开展国土绿化行动，突出抓好长江两岸造林绿化、沿海防护林体系和农田防护林体系建设，充分挖掘城镇、村庄、社区、庭院等绿化潜力，到2025年全省新增造林绿化面积100万亩。加强水土流失预防保护和综合治理，持续提高水土保持率。强化江河湖泊湿地、滨海湿地保护和修复，到2025年全省自然湿地保护率提高到60%。全面推进本省长江流域禁捕退捕工作，确保高质量完成目标任务。

（四）积极打造美丽宜居城市

扎实推进新型城镇化，完善区域城镇体系，着力形成以南京、徐州、苏锡常都市圈和沿江、沿海、沿东陇海线地区城市带为主体形态，大中小城市和小城镇协调发展的城镇格局。增强中心城市和城市群的综合承载能力，培育一批有活力、有魅力的特色小城镇，鼓励有条件的重点中心镇发展成为现代新型小城市，着力改善小城镇特别是被撤并乡镇集镇区的环境面貌。坚持节约集约，提高国土空间利用效率，推动城镇发展由外延扩张向内涵提升转变。强化"精明增长"理念，统筹生产生活生态，优化城镇空间布局形态，增强城市发展的宜居性。推动城市更新，推进生态修复和空间修补。提升城市设计水平，强化对重点区域、重点地段的空间形态、高度体量、风貌特色、交通组织等控制引导，留住特有的地域环境、文化特色、建筑风格，加强标志性建筑设计，打造更多的城市亮点和建筑精品。

推进美丽宜居住区建设，大力推行成品住房和住宅装配化装修，积极发展绿色建筑，加快城市棚户区改造、危险房屋解危、城中村改造，全面推进城镇老旧小区改造，支持开展现有住宅加装电梯、无障碍通道等适老化改造，有效提升住房保障水平和群众居住品质。推进美丽宜居街区建设，健全城市"15分钟社区服务圈""10分钟公园绿地服务圈""10分钟体育健身圈""5分钟便民生活圈"，健全完善商业、教育、卫生健康、养老、文化、体育、公共活动等居住配套功能，探索物业管理与城市管理有机融合。推进美丽宜居城市建设，构建以公共交通为核心的绿色交通体系，提高城市道路承载能力，加快市政基础设施现代化。推进海绵城市建设，全面实施城市雨污分流，巩固城市黑臭水体整治成效，深化城市易淹易涝片区治理。积极推进垃圾分类，补齐垃圾处理设施短板，到2025年全省城市基本建成生活垃圾分类投放、收集、运输、处置体系，垃圾分类集中处理率达到95%。持续推进城市生态创建，到2025年全省城市建成区绿化覆盖率提高到40%以上。

深化平安江苏建设，营造安居乐业的社会环境。坚持用"绣花"功夫抓城市治理，着力解决"城市病"等突出问题，到2035年全省大中城市基本消除"结构性城市病"。推进智慧城市建设，建设城市运行"超级大脑"，提升城市精细化、科学化治理水平。加快市域社会治理现代化步伐，坚持和完善"大数据＋网格化＋铁脚板"治理机制，推动城市治理和服务重心下移，健全社区治理体系，广泛动员组织群众参与城市治理。加强城市公共安全管理，健全城市应急管理体系，提升城市本质安全水平。着力完善公共卫生体系，深入推进医养康养结合，有力保障人民群众生命健康安全。

（五）全面推进美丽田园乡村建设

坚持"沟渠田林路"综合规划整治，持续推进农业基础设施建设，兴修农田水利，大规模建设高标准农田，提升农田林网建设水平。积极推行农村生活垃圾就地分类和资源化利用，全面建立"户分类投放、村分拣收集、镇回收清运、有机垃圾生态处理"的分类收集处理体系。全面推进农药包装废弃物和废旧农膜回收处置。加大农村生活污水处理设施建设力度，加快城镇污水管网向村庄延伸，并与农村改厕有机衔接。深入推进生态河湖行动计划，扎实开展农村水环境综合整治，强化河湖水系连通和疏浚清淤，到2025年全面消除农村黑臭水体。组织开展乡村公共空间治理，持续推进"四好农村路"建设，加强通自然村道路和村内街巷道路建设，积极建设绿化美化村庄。实行专业化、市场化运行方式，全面推行农村河道、道路交通、绿化美化、环境保洁、公共设施"五位一体"综合管护。

制定村庄规划编制指南，因地制宜编制"多规合一"的实用性村庄规划，调整完善镇村规划布局。从平原农区、丘陵山区、水网地区等自然禀赋出发，立足特色产业、特色生态、特色文化，分类推进乡村建设。优化乡村山水、田园、村落等空间要素，加强重要节点空间、公共空间、建筑和景观的详细设计，保护自然肌理和传统建筑，彰显乡村地域特色，展现"新鱼米之乡"的时代风貌。创新特色田园乡村建设机制，全面开展面上创建，到2025年建成1000个特色田园乡村、1万个美丽宜居乡村。将传统村落作为特色田园乡村建设优先支持对象，分批次认定公布省级名录。推动宁锡常接合片区国家城乡融合发展试验区建设。

遵循"四化同步"发展规律，引导有能力在城镇稳定就业和生活的农业转移人口进城入镇落户。鼓励各地按照特色田园乡村建设标准，重点依托规划发展村庄，改造和新建一批新型农村社区，增强公共服务和社区管理功能，同步谋划产业发展和农民就地就近就业，吸引留乡农民相对集中居住，拓展乡村经济发展空间，提升乡村整体发展水平。持续加大政策支持，大力推动苏北地区有改善意愿的老旧房屋和"空心村"改造，到2025年苏北地区农民群众住房条件明显改善。支持苏中、苏南地区结合实际，积极改善农民群众住房条件。

（六）着力塑造"水韵江苏"人文品牌

扎实推进文化强省建设，丰富优质文化产品供给，完善现代公共文化服务体系，更好满足城乡居民日益增长的精神文化需求。坚持创造性转化、创新性发展，传承弘扬吴文化、楚汉文化、金陵文化、淮扬文化等优秀传统地域文化，展现大运河文化、江南文化的时代价值，彰显水韵江苏、吴韵汉风的独特魅力。注重延续城市文脉，保留历史文化记忆，探索历史空间的当代创新利用，让居民望得见山、看得见水、记得住乡愁。重视乡土文化挖掘、保护、传承和利用，推进乡村文化振兴，延续耕读文明，保留乡村风貌，重塑乡村魅力。推进文化和旅游融合发展，依托红色资源、自然风光、人文底蕴等，大力发展红色旅游、文化遗产旅游、研学旅游、工业旅游、乡村旅游等业态。强化水文化建设，维护水生态健康，全面展现"河畅、水清、岸绿、景美"的水韵特色。

着眼提升江苏文化影响力和竞争力，推出更多文艺精品，培育塑造具有鲜明地域特征的文化标识，涵养文化自信。充分发挥江苏发展大会、江苏文化嘉年华等平台载体作用，讲好江苏故事。积极推进大运河文化带和大运河国家文化公园建设，加快建设中国大运河博物馆、大运河国家文化公园数字云平台等标志性项目，办好世界运河城市论坛、大运河文化旅游博览会，打造大运河文化保护、传承、利用的"江苏样板"。持续推进江苏文脉整理与研究工程，加强自然遗产、文化遗产的保护和传承，推进江南水乡古镇、中国明清城墙、"海上丝绸之路"遗迹等申报世界文化遗产。实施"城乡记忆"工程，深入推进历史名城名镇保护行动，有效保护1000个省级传统村落和传统建筑组群。推动戏剧、曲艺、民俗、传统技艺等非物质文化遗产传承发展，培育非遗品牌，彰显非遗价值。

注重提升公民道德素质，倡导知礼重仪文明习惯，加强社会诚信建设，实施"无讼"村居建设行动，营造博爱包容的社会氛围。推动文明上网、文明办网，加强网络综合治理，建设风清气正、正能量充沛的网络精神家园。高水平全域推进新时代文明实践中心、所、站建设，深入开展文明城市、文明村镇、文明单位、文明家庭、文明校园等群众性精神文明创建活动，到2025年所有设区市和一半以上县（市）创成全国文明城市，70%的行政村创成县级以上文明村。坚持移风易俗，弘扬科学精神，广泛动员群众参与爱国卫生运动，倡导简约适度、绿色低碳的生活方式，引导全社会养成节水节电节气、垃圾分类投放、使用公勺公筷、拒食野味、绿色出行等健康文明生活习惯。

（七）切实强化美丽江苏建设组织推进

省委、省政府成立美丽江苏建设领导小组，发挥牵头抓总、统筹协调作用。领导小组由省委书记任第一组长，省长任组长，领导小组办公室设在省发展改革委。编制实施美丽江苏建设总体规划和专项规划，谋划安排重大工程、重大政策、重大改革措施，并与全省"十四五"发展规划、国土空间规划有效衔接。研究制定美丽江苏建设评估指标体系，将美丽江苏建设工作纳入全省高质量发展综合考核。组织开展美丽江苏建设试点示范，充分发挥以点带面作用。支持人大、政协对美丽江苏建设开展法律监督和民主监督，支持民主党派、工商联、无党派人士积极建言献策，支持智库机构等社会组织加强研究咨询。各市、县（市、区）党委和政府要结合实际，建立高效的协调机制和工作机制，坚持系统谋划，凝聚整体合力，扎实推进本地区的美丽江苏建设。

实施最严格的自然资源和生态空间保护、环境准入等制度，完善能源、水资源、建设用地总量和强度"双控"机制。健全生态环境保护制度体系，深化综合行政执法改革，完善生态产品市场交易体系和水权、排污权交易市场机制。完善环境公益诉讼制度，严格落实生态环境损害赔偿制度，建立健全环境损害责任终身追究制，不断提高生态环境司法保护水平。创新实施差别化的区域和产业政策，科学合理规划布局重大产业项目，生态敏感区域严禁开展不符合主体功能定位的各类开发活动。积极整合相关财政资金，推行以奖代补、先建后补、贷款贴息等方式，支持美丽江苏建设。鼓励金融服务创新，大力发展绿色信贷、绿色担保、绿色债券、绿色保险，支持创建国家绿色金融改革创新试验区。加大专项资金"拨改投"力度，发挥省政府投资基金政策引导作用，吸引社会资本共同投入。鼓励地方政府在法定债务限额内申请发行债券，用于支持美丽江苏建设公益性项目。对美丽江苏建设相关领域有稳定收益的公益性项目，积极探索推广政府和社会资本合作（PPP）等模式，拓宽投资建设渠道。

着力构建推进美丽江苏建设的全民行动体系，提高全社会参与的积极性主动性。强化宣传引导，充分利用互联网、报纸杂志、广播电视等媒体平台，加强美丽江苏建设宣传推介，畅通信息公开渠道，及时回应公众关切，营造良好推进氛围。鼓励多元参与，充分发挥工会、共青团、妇联等群团组织的积极作用，动员各方面力量，激发广大干部群众的热情和干劲，让美丽江苏建设成为全社会的共同意志和自觉行动。

第三章　江苏省绿色发展生态环境约束

江苏气候宜人，平原广阔，土地肥沃，物产丰富，千百年来承载着鱼米之乡的盛誉，亦是无数人为之向往的梦里水乡。在10.67万平方千米的江苏大地上，江河湖海交汇，自然禀赋优越，是我国最具开发价值和发展潜力的富庶宝地。为了让美丽富饶的江苏大地经济更繁荣、社会更和谐、区域更协调、人民更富裕、环境更优美，全省积极大力贯彻落实国家国土空间开发的重大部署推进形成江苏省主体功能区。

第一节　江苏省主体功能区规划空间管控

一、主体功能区划分

推进形成主体功能区是国家国土空间开发的重大战略部署，是深入落实科学发展观的重大举措，也是江苏实现现代化征程的重要保障。编制主体功能区规划，是根据不同区域的资源环境承载能力、现有开发密度和发展潜力，统筹谋划未来人口分布、经济布局、国土利用、环境保护和城镇化格局，将国土空间划分为优化开发、重点开发、限制开发和禁止开发四类区域，明确区域主体功能定位、开发方向和开发强度，实施区域开发政策，规范空间开发行为，促进人口、经济、资源环境的空间均衡和协调发展。

推进形成主体功能区，就是要提高城镇化地区的开发密度，促进经济和人口的集中集聚，增强集约开发能力；就是要优化建设、农业和生态三大空间结构，有效落实开发与保护并重的要求，增强可持续发展能力；就是要合理配置公共服务资源，促进形成基本公共服务均等化，缩小地区间公共服务与人民生活水平的差距；就是要制定并实施差别化的区域政策，建立科学的绩效评价机制，增强区域协调发展与管理能力。

《江苏省主体功能区规划（2011—2020年）》（以下简称本规划）是推进形成主体功能区的基本依据、科学开发国土空间的行动纲领和远景蓝图，是国土空间开发的战略性、基础性和约束性规划。根据国务院办公厅《关于开展全国主体功能区规划编制工作的通知》（国办发〔2006〕85号）、国务院关于《编制全国主体功能区规划的意见》（国发〔2007〕21号），江苏省依据《国家主体功能区规划（2010—2020年）》和江苏省"十一五""十二五"规划纲要，并参考相关规划编制本规划。本规划范围为全省陆地、内水和海域空间。本规划总体上以省辖市城区和县（市、区）作为主体功能区的划分单元。本规划推进实现主体功能区主要目标的时间是2020年，规划任务则更为长远，实施中将根据形势变化和评估结果实时调整修订。

海洋既是目前江苏省资源开发、经济发展的重要载体，也是未来可持续发展的重要战略空间。鉴于海域空间在全省主体功能区规划中的特殊性，省有关部门将根据国家有关要求和本规划编制《江苏省海洋功能区划》，并作为本规划的重要组成部分，另行颁布实施。

根据党的十七大提出的到2020年主体功能区布局基本形成的总体要求，结合江苏省"两个率先"战略目标实现的需要，推进形成主体功能区的主要目标是：2020年，全省形成主体功能定位清晰的国土空间格局，经济布局更加集中，资源利用更加高效、更加稳定，开发秩序更加规范，区域间基本公共服务更加均等，基本实现人口分布与经济布局、资源环境相协调，全面提升可持续发展能力。国土空间开发格局清晰。形成以优化开发区域和重点开发区域为主体的经济建设布局，推进人口适度集聚，集中全省95%以上的经济总量和80%以上的人口，形成以限制开发区域和禁止开发区域为主体的农业与生态布局空间结构得到优化。全省开发强度控制在22%以内，建设空间控制在2.2万平方千米，其中城镇工矿空间控制在0.82万平方千米以内，农村居民点占地面积减少到0.90万平方千米；农业空间为6.88万平方千米，基本农田不低于4.22万平方千米（6323万亩）；保护生态空间，生态红线区域占全省土地面积2%，江河等水面面积不减少，保持在 16.9% 左右。空间利用效率提高。促进资源向优势空间集聚，单位建设空间的经济产出提高 2 倍以上，城市人口密度进一步提高；规模农业和高效农业面积大幅提高，粮食播种面积和粮食产量基本保持稳定；单位生态空间蓄积的林木数量和涵养的水量增加基本公共服务差距缩小。不同主体功能区以及同类主体功能区之间，城镇居民人均可支配收入、农村居民人均纯收入的差距缩小，人均财政支出大体相当，努力实现基本公共服务均等化。可持续发展能力增强。生态系统稳定性明显增强，水、空气、土壤等生态环境质量明显改善，生物多样性得到切实保护，林木覆盖率提高到 24%，碳汇能力明显增强，地表水好于Ⅲ类水质的比例达到 66%，自然灾害防御水平进一步提升，应对气候变化能力显著提高。

表 3-1　　　　　　　　2020 年江苏省的国土空间开发规划指标一览表

指标	现状值	2020 年目标值
开发建设地区经济总量和人口比例（%）	86 和 83	95 和 80 以上
开发强度（%）	20.2	小于 22
建设空间（万平方千米）	2.16	2.22
农业空间（万平方千米）	6.59	6.88
生态红线区域占土地面积比例（%）	18	20
江河湖泊等主要水面面积比例（%）	16.9	16.9
林木覆盖率（%）	15.8	24
地表水好于Ⅲ类水质的比例（%）	—	66

（数据来源：《江苏省政府关于印发江苏省主体功能区规划的通知》。）

从现代化建设全局和美好江苏永续发展的战略需要出发，构建全省城镇化、农业和生态三大空间开发战略格局。

构建"一群三轴"的城镇化空间格局。根据国家划定的主体功能区，结合全省对国土空间的综合评价，形成"一群三轴"的城镇化空间格局，作为全省乃至全国工业化和城镇化发展的重要空间。

——沿江城市群。沿江城市群是国家层面的优化开发区域，是我国参与国际竞争的核心区域，进一步做强长江三角洲世界级城市群北翼核心区，建设成为具有国际水平的战略性新兴产业策源地和先进制造业中心，打造江海一体的高端生产服务业集聚区和我国服务贸易对外开放的先导区。

——沿海城镇轴。沿海地区是国家层面的重要战略区域，加快建设以区域中心城市为支撑、以沿海综合交通通道为纽带、以近海临港城镇为节点的新兴城镇化地区，形成我国东部地区重要经济增长极。

——沿东陇海城镇轴。沿东陇海地区是国家层面的重点开发区域，以丝绸之路经济带建设为契机，加快徐州都市圈和连云港国家东中西区域合作示范区建设，深化与陆桥沿线国家和地区的合作协同，成为国家陆桥通道的东部重要支撑。

——沿运河城镇轴。彰显运河文化底蕴和环境景观特色，突出集约发展、绿色发展，形成贯通南北、辐射带动苏中苏北腹地的特色产业带。加快建设沿运河城镇、交通、生态走廊，深化淮河流域地区经济合作，走出一条生态、环保、低碳发展的特色之路。

构建"两带三区"为主体的农业空间格局。根据全国主体功能区规划明确的农业战略格局，根据全国主体功能区规划明确的农业战略格局，以全省农业区划为支撑，结合现代农业发展方向，确定"两带三区"的农业空间格局和重点生产基地。

——沿江农业带。加快农业现代化步伐，扩大多种经营，重点建设优质水稻、弱筋专用小麦、双低油菜、蔬菜林果、花卉苗木、畜禽、特色水产基地，发展城郊型、生态型和体验型农业，成为全省重要的综合性农产品生产区域。

——沿海农业带。大力推进规模化农业生产，提高农业机械化、设施化水平和产出效率，建设粮食、棉花、蔬菜、水果、畜牧、桑蚕生产基地；合理利用海洋资源，发展海洋渔业，建设特色海产品加工生产基地和出口基地；加大沿海滩涂农业开发力度，建设重要的绿色食品生产基地和耐盐能源植物种植基地。

——太湖农业区。提升现代农业发展水平，提高农业机械化、设施化水平和集约化程度，在确保稳定现有粮食自给率的基础上，稳定优质粳稻生产，建设特色鲜果、优质茶叶、绿叶无公害蔬菜、花卉苗木、特色水产和优质肉蛋生产基地，发展都市型、生态型、观光型农业，满足当地居民日常生活、农业科普、休闲体验等多元需求。

——江淮农业区。提高农业规模化经营水平，积极发展高效特色农业和外向农业，重点建设优质粳稻、中强筋小麦、双低油菜、花卉苗木、蔬菜、特色畜禽和水产品生产基地，成为全省重要的农产品商品化生产区域。

——渠北农业区。加快农田水利综合治理，改造低产田，完善农田林网，提高农业生产机械化和设施化水平，重点建设优质稻米、中强筋小麦、绿色蔬菜、优质水果、花卉苗木、畜牧产品生产基地，成为重要的商品生产基地和特色农产品出口基地。

构建"两横两纵"为主体的生态空间格局。按照大江大河是我国重要生态屏障的要求，结合全省自然地形格局和重要生态功能区分布，形成"两横两纵"的生态保护屏障。

——"两横"是指长江和洪泽湖—淮河入海水道两条水生态廊道。长江是江苏重要的饮用水水源地，是江苏人民赖以生存和发展的母亲河；洪泽湖—淮河入海水道是连接海洋和西部丘陵湖荡屏障的重要纽带，是亚热带和暖温带物种交汇、生物多样性比较丰富的区域。

——"两纵"是指海岸带和西部丘陵湖荡屏障。广阔的近海水域和海岸带，是江苏重要的"蓝色国土"。西部丘陵湖荡屏障，主要由骆马湖、高邮湖、邵伯湖、淮北丘岗、江淮丘陵、宁镇山地、宜溧山地等构成，是江苏大江大河的重要水源涵养区，也是全省重要的蓄滞洪区和灾害控制区，对于全省水源涵养、生态维护、减灾防灾等具有重要作用。

根据国家推进形成主体功能区的要求，按开发方式，将全省国土空间分为优化开发、重点开发、限制开发和禁止开发四类区域；按开发内容，分为城镇化地区、农产品主产区和重点生态功能区；按行政层级，分为国家级和省级。

综合运用指数评价法和主导因素法，对省辖市城区和县（市、区）确定主体功能。明确优化开发区域面积1.84万平方千米，占全省土地面积的17.5%；重点开发区域面积2.04万平方千米，占全省土地面积的19.4%；限制开发区域（农产品主产区）面积6.63万平方千米，占全省土地面积的63.1%。

主体功能区的划分，以国家层面主体功能区为依据，以紧凑型开发、开敞型保护为基本导向，以不同区域的资源环境承载能力、现有开发强度和未来发展潜力为评价标准。

城镇化地区、农产品主产区和重点生态功能区，是以提供主体产品的类型为基准划分的。城镇化地区是以提供工业品和服务产品为主的地区，同时也提供农产品和生态产品；农产品主产区是以提供农产品为主的地区，同时也提供生态产品、服务产品和部分工业品；重点生态功能区是以提供生态产品为主的地区，同时也提供一定的农产品、服务产品和工业品。

优化开发区域是经济比较发达、人口较为密集、开发强度较高、资源环境问题凸显，应该优化进行工业、服务业和城镇开发的城镇化地区。

重点开发区域是具有一定经济基础、资源环境承载能力较强、发展潜力较大、集聚经济和人口条件较好，应该重点进行工业、服务业和城镇开发的城镇化地区。

限制开发区域分为两类：一类是农产品主产区，即耕地较多、农业发展条件较好，尽管也适宜工业化城镇化开发，但从保障粮食安全的需要出发，必须把增强农业综合生产能力作为发展的首要任务，应该限制进行大规模高强度工业化城镇化开发的地区；一类是重点生态功能区，即生态系统脆弱或生态功能重要，资源环境承载能力较低，不具备大规模高强度工业化城镇化开发的条件，必须把增强生态产品生产能力作为首要任务，应该限制进行大规模高强度工业化城镇化开发的地区。

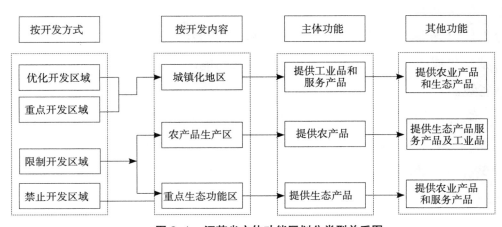

图 3-1 江苏省主体功能区划分类型关系图

（来源：《江苏省政府关于印发江苏省主体功能区规划的通知》。）

禁止开发区域是依法设立的各级各类自然文化资源保护区域，以及其他需要特殊保护，禁止工业化城镇化开发，并点状分布于优化开发、重点开发和限制开发区域之内的生态环境。

未来一段时期，是江苏省率先实现现代化的建设时期。根据主体功能定位推动江苏省经济社会发展，就是深入贯彻落实科学发展观，就是坚持把发展作为第一要务。推进形成定位明确、布局合理、功能清晰的主体功能区，将进一步优化江苏省国土空间开发格局，使发展条件优越、承载能力较强的城镇化地区进一步集聚生产要素、提高开发效率、增强综合实力；使农业地区和生态地区得到有效保护，要求更加明确，功能更加清晰；使江苏省城乡区域发展更趋协调，基本公共服务更趋均衡，资源利用更趋集约高效，可持续发展能力全面增强，使"两个率先"的各项目标在空间上得到有效落实，以科学开发引领未来更加长远的发展。

二、优化开发区域

（一）优化开发区域简介

江苏省优化开发区域面积 1.84 万平方千米，占全省土地面积的 17.5%。优化开发区域指长三角（北翼）核心区，也是国家层面的优化开发区域，包括南京、无锡、常州、苏州、镇江的大部分地区及南通、扬州、泰州的城区，人口和 GDP 分别占全省的 39% 和 60%。

（二）功能定位

作为我国经济发展和城镇化水平最高、创新能力最强、国际化程度最高的地区之一，该区域的功能定位是：建成具有国际影响的现代服务业和先进制造业基地，全国重要的创新基地；亚太地区的重要国际门户，辐射带动长江流域发展的重要区域；具有较强竞争力的世界级城市群；江苏率先基本实现现代化、推进新型城镇化和城乡发展一体化、实现基本公共服务均等化的先行区。

（三）区域范围

主要包括南京市的玄武区、秦淮区、建邺区、鼓楼区、雨花台区、栖霞区和江宁区；无锡市的梁溪区、滨湖区、惠山区、锡山区、江阴市和宜兴市；

常州市的钟楼区、天宁区、戚墅堰区、新北区和武进区；苏州市的姑苏区、虎丘区、苏州工业园区、吴中区、相城区、吴江区、昆山市、太仓市、常熟市、和张家港市；南通市的崇川区、港闸区；扬州市的广陵区；镇江市的京口区、润州区、丹徒区、丹阳市、扬中市；泰州市的海陵区。

（四）具体措施

——优化建设空间结构。按照"控制增量、盘活存量、集约高效"的要求，促进集中、集聚和集约发展，不断提高经济开发密度与产出效率；控制建设用地增长，适度减少制造业建设空间，减少农村生活空间，扩大服务业、交通、城市居住、公共设施空间；加大主城区存量土地结构调整力度，全面实施"退二进三"，大力发展金融、商务、软件、外包等楼宇经济和总部经济，提升城市空间利用效率。

——优化产业结构。推动产业结构向高端、高效、高附加值转变，明显增强战略性新兴产业、现代服务业和先进制造业对经济增长的带动作用；加快发展现代服务业，突出发展生产服务业，促进服务业发展提速、比重提高、结构提升，率先形成以服务经济为主的产业结构；大力发展拥有自主知识产权和自主品牌的高新技术产业，扩大战略性新兴产业发展规模，提升先进制造业发展水平。

——优化人口分布。进一步增强人口集聚功能，形成与经济规模相适应的人口规模；

——提高人口整体素质，着重培育和吸引知识型、技能型高端人才；优化主城区人口分布，引导人口均衡布局。

——优化城市布局。加快城镇化进程，提高城市综合承载力；发挥南京在长江中下游承东启西枢纽城市作用，加快宁镇扬同城化步伐，强化辐射带动中西部地区发展重要门户作用。发挥苏州、无锡全国经济中心城市的作用，积极融入上海，密切与苏中、苏北、浙北地区的联系，提升在长三角城市群中的地位。加快常州、镇江等中心城市建设。

——优化农业结构。着力实施农业现代化工程，积极构建现代农业体系，提升农业规模化、产业化、标准化、集约化和信息化水平；稳定粮食播种面积和粮食产量，优化种植结构，积极建设城郊绿色无公害蔬菜区和畜禽生产基地，推进水果、花卉等作物标准化生产和畜禽养殖，保持主要"菜篮子"产品的自给率，合理控制畜禽养殖规模；发展水产品生态高效工厂化养殖；积极发展高附加值的设施农业、都市农业和休闲观光农业，满足城市多元化的农产品需求；大力推广农业先进技术，运用农业现代装备提高农业生产机械化水平，运用信息技术培育发展智能农业、精确农业，提高农业生产效率和农产品质量；积极发展优质特色农产品深加工，建设现代化的农产品物流基地；推广示范循环型生态农业，推进农业清洁生产；加强农业国际合作，拓展外向型农业广度和深度。

——优化生态系统格局。加强生态修复，维护生态系统结构和功能的稳定性；加强生态建设，适度增加城市绿色空间，构建城市之间绿色开敞空间，改善人居环境；加大污染物排放总量削减力度，提高排放标准，加强环境治理，重点推进太湖、长江的生态保护和环境建设，提高水资源和水环境质量；切实做好自然和历史文化遗产的保护。

三、重点开发区域

（一）重点开发区域简介

江苏省重点开发区域面积2.04万平方千米，占全省土地面积的19.4%。重点开发区域主要包括沿东陇海的徐州、连云港市区和沿海地区、苏中沿江地区以及淮安、宿迁的部分地区，也包括点状分布于限制开发区域内的县城镇和部分重点中心镇，人口和GDP分别占全省的18%和13%。其中东陇海地区是国家层面的重点开发区域，其他区域为省级层面的重点开发区域。

（二）功能定位

作为中国工业化和城镇化最具潜力的地区之一，该区域的功能定位是：中国东部地区重要的经济增长极，具有较强国际竞争力的制造业基地；具有全国影响的新型城镇密集带；辐射带动能力强的新亚欧大陆桥东方桥头堡，中国重要的综合交通枢纽和对外开放的窗口；中国重要的高效农业示范区；全省率先基本实现现代化的重要保障区。

重点开发区域要加快工业化和城镇化步伐，增强吸纳要素和资源的能力，大规模集聚经济和人口，服务和带动中西部地区发展，提高对全省乃至全国经济发展的贡献。到 2020 年，建设空间稳步增长，控制农业空间过快减少，保证基本农田面积不减少，生态空间基本稳定。

（三）区域范围

主要包括南京市的浦口区、六合区；徐州市的云龙区、鼓楼区、泉山区、铜山区；南通市的通州区、海门市、启东市、如皋市；连云港市的新浦区、连云区、海州区；淮安市的清江浦区、淮安区、淮阴区；盐城市的亭湖区、盐都区；扬州市的邗江区、江都区、仪征市；泰州市的高港区、姜堰区、靖江市、泰兴市；宿迁市的宿城区、宿豫区。

（四）具体措施

——统筹安排建设空间。适度增加建设用地空间，适度增加服务业和城市居住空间、交通空间、公共设施空间，稳定制造业空间，加大制造业空间存量调整，推进集中布局，提高空间产出效益；合理进行农村居民点整合，推进集中居住，减少农村居住空间；加大土地后备资源整理和开发力度，拓展发展空间，扩大绿色生态空间。

——提升产业发展水平。积极发展战略性新兴产业和先进制造业，加强特色产业基地和产业集群建设，提升集聚集约发展水平；引导大型石化和装备制造等临港产业向沿海地区转移和布局，积极发展科技含量和附加值高的海洋产业；运用高新技术、现代信息技术、先进适用技术改造提升传统产业，淘汰落后产能，促进产业升级；重点发展现代物流、科技研发、创意设计等生产服务业，实现现代服务业与先进制造业的互动并进。

——推进城镇化进程。发展壮大中心城市，提升县（市）城镇发展水平。发挥徐州都市圈核心城市徐州和东方桥头堡连云港的龙头和带动作用，加快东陇海城镇轴建设，提高对中西部地区的影响力。发挥南通滨江临海的独特区位优势，提高长三角北翼中心城市的地位，加快扬州、泰州中心城市建设，提升区域竞争能力。建设盐城区域性中心城市，加快沿海城镇轴建设，有效沟通长三角和环渤海地区。加快淮安苏北重要中心城市建设，提升宿迁城市发展水平。

——促进人口加快集聚。完善城市基础设施和公共服务，加强城市功能建设，增强大规模吸纳人口的能力；创造更多的就业岗位，消除农民进城的制度障碍，为农村人口进入城镇创造条件。

——稳定农业生产。加快推动农业规模化经营，提高农业综合生产能力和产业化水平，保障主要农产品有效供给，稳定提高粮食产量，严格保护耕地和基本农田；合理有效配置农业生产要素，大力发展优势特色农业，建设特色农产品生产及加工基地，形成具有区域特色的农产品生产和加工产业带，提高农产品精深加工和农副产品综合利用水平；推进畜牧业规模化、标准化养殖，稳定增加畜产品产量；进一步壮大渔业产业，建设沿海现代渔业产业带；加快农业科技进步，加大沿海和黄泛平原等地区中低产田改造力度，提高土地产出率和劳动生产率；大力发展农产品物流业，鼓励发展生产资料供应、农业机械、科技推广、信息咨询等农业产前、产中、产后服务业。

——保护生态环境。重点保护近海、河湖等生态廊道和生态空间，加强采煤塌陷区和开山采石区的生态恢复，加强地质灾害防治，保证生态功能不退化；在城镇和开发区周围，留有开敞式的绿色生态空间，建设生态隔离带或生态廊道，在沿海、主要河流两侧和水源保护区建设生态林带；实施严格的污染物排放总量控制，推进畜禽养殖废弃物无害化处理和资源化利用，推进清洁生产，发展循环经济，加快园区和城市环保基础设施建设，减少工业化、城镇化对环境的影响。

四、农产品主产区

（一）功能定位

作为基本农田和生态功能保护区集中分布的区域，该区域的功能定位是：全省农产品供给的重要保障区，农产品加工生产基地，生态功能维护区，新农村建设示范区。

农产品主产区要大力发展现代农业，完善农业生产、经营、流通体系，巩固和提高在全省农业发展中的地位和作用，积极发展旅游等服务经济，推进工业向有限区域集中布局。到2020年，适度增加农业和生态空间，严格控制新增建设空间。

（二）具体措施

——调整空间结构。适度扩大农业生产空间，促进基本农田集中连片布局；积极推进工业集中区的整合撤并和搬迁，保留部分基础好、效益高、污染小的开发区和工业集中区，实施点状集聚开发；控制新增建设空间，优先保障镇区和保留工业区的用地，引导农民集中居住，减少农村生活空间；适度增加生态空间。

——提高农业生产及深加工能力。推进农业产业化、生态化，大力发展农产品精深加工和流通，加强现代农业产业园区、农产品加工集中区和农产品市场体系"三大载体"建设；大力发展规模畜牧业，建设优质畜禽生产和加工基地；加强农业科技创新，加大新品种、新技术示范推广力度；加大农田基础设施建设，推进连片标准农田建设，提高农田增产增收能力；确保粮食播种面积和粮食产量稳步提高；大力发展设施园艺业，促进园艺产业转型升级；大力发展特色高效渔业，提高现代渔业综合生产能力；积极发展休闲农业与乡村旅游业，推进休闲观光农业示范区建设，培育开发各具特色的农业旅游产品及相关产业；支持发展养老、健康服务产业；因地制宜地适度发展农产品加工、轻型无污染工业和商贸、文化、科技研发等服务业；在资源丰富的地区，可以集中进行能源建设和资源开发。

——控制人口增长。按照自觉、自愿、平稳的原则，引导人口向优化开发和重点开发区域转移，降低人口增长速度，在有条件地区引导人口有序减少。

——加强农村居民点建设。推进新型农村社区建设，加大农村环境综合整治，提高基础设施配套水平，加强公共服务设施建设，提高基本公共服务保障能力。

——提高生态系统服务功能。提高林木覆盖率，扩大水面面积，加强湿地保护和修复，增强生态调节、水源涵养、防灾减灾等功能。加大空中云水资源开发力度。

五、禁止开发区域

（一）禁止开发区域简介

禁止开发区域指国家级和省级自然保护区、国家级和省级风景名胜区、国家级和省级森林公园、国家地质公园、饮用水源区和保护区、重要渔业水域、清水通道维护区。其中，国家级自然保护区、国家级风景名胜区、国家级森林公园、国家地质公园等为国家级禁止开发区域；其他区域为省级禁止开发区域。

禁止开发区域是江苏省维护生态安全的重要区域，优势自然文化资源的集中展示区，珍稀动植物保护基地，实现永续发展的根本保障。

根据国家法律法规规定和相关规划实施强制性保护，严格控制人为因素对自然生态的干扰，严禁不符合主体功能定位的开发活动，交通、电力等基础设施应能避则避，必须穿越的，要符合相关规划，并进行专题评价或论证，加强生态修复和环境保护，提高生态环境质量。

1. 饮用水源保护区、清水通道

重点保护水源水质，禁止向水体排放任何污染物，严禁一切与保护水源无关的建设项目和相关法律法规禁止的其他活动。保留区作为今后开发利用预留的水域，原则上应维持现状。

2. 自然保护区、森林公园、地质公园

重点保护生物多样性、水土涵养功能和自然景观，除必要的保护设施和适量的旅游、休闲服务设施外，禁止任何与资源保护无关的生产建设活动，严格执行相关法律法规及规划的强制性保护要求。做好自然保护区实时监测工作，核心区、缓冲区和实验区分类管理。

3. 风景名胜区、历史文化遗产

加强对自然和历史文化遗产完整性、原真性以及自然与人文景观的保护，严格控制人工景观建设，禁止在风景名胜区从事与风景名胜资源无关的生产建设活动，旅游设施及其他相关基础设施建设必须符合法律法规及相关规划的规定。

4. 重要湿地和水体、渔业种质资源保护区

严格保护重要湿地和渔业种质资源保护区的生物多样性与水生生境，禁止排污或改变湿地自然状态，禁止在重要水体围垦造地和建设水工设施以外的永久性建筑。

表 3-2　　　　　　　　江苏省禁止开发区域名录表（省级以上自然保护区）

名称	面积（公顷）	位置	主要保护对象	级别
江苏大丰麋鹿国家级自然保护区	2667	大丰市（现为盐城市大丰区）	麋鹿、鸟类及滨海湿地生态系统	国家级
盐城湿地珍禽国家级自然保护区	284179	响水县、滨海县、射阳县、大丰市、东台市	丹顶鹤等珍稀鸟类及海涂湿地生态系统	国家级
江苏泗洪洪泽湖湿地国家级自然保护区	49365	泗洪县	湖泊湿地生态系统及大鸨等珍稀鸟类	国家级
东台中华鲟自然保护区	1440	东台市	中华鲟类	国家级
宜兴龙池自然保护区	123	宜兴市	常绿落叶阔叶、混交林森林、群落类型	省级
徐州市泉山自然保护区	370	徐州市泉山区	森林生态系统	省级
溧阳市上黄水母遗址保护区	40	溧阳市		省级
吴中区光福自然保护区	67	苏州市吴中区	亚热带常绿树种	省级

（数据来源：《江苏省政府关于印发江苏省主体功能区规划的通知附表》。）

第二节　生态红线限制条件

一、江苏省生态红线的划定

按照《生态保护红线划定指南》要求，结合江苏省自然地理特征和生态保护需求，按照定量与定性相结合的原则，通过科学评估，识别生态保护的重点类型和重要区域，并经过与各类保护地叠加、规划衔接、跨区域协调、上下对接等过程，划定陆域生态保护红线。根据《海洋生态红线划定技术指南》，制定《江苏省海洋生态红线保护规划（2016—2020年）》，确定海洋生态保护红线。将陆域生态保护红线和海洋生态保护红线进行衔接，形成江苏省生态保护红线。

（一）总体划定情况

1.陆域生态保护红线划定结果

江苏省陆域生态保护红线划定面积为8474.27平方千米，占全省陆域面积的8.21%。主要分布在长江、京杭大运河沿线、太湖等水源涵养重要区域，洪泽湖湿地、沿海湿地等生物多样性富集区域，宜溧宁镇丘陵、淮北丘岗等水源涵养与水土保持重要区域。全省陆域生态保护红线空间格局呈现为"一横两纵三区"："一横"为长江及其岸线，主要生态功能为水源涵养；"两纵"为京杭大运河沿线和近岸海域，主要生态功能为水源涵养和生物多样性维护；"三区"为苏南丘陵区、江淮湖荡区和淮北丘岗区，主要生态功能为水源涵养和水土保持。

2. 海域生态保护红线划定结果

根据《江苏省海洋生态红线保护规划（2016—2020年）》，全省共划定海洋生态保护红线面积9676.07平方千米（其中：禁止类红线区面积680.72平方千米，限制类红线区面积8995.35平方千米），占全省管辖海域面积的27.83%。共划定大陆自然岸线335.63千米，占全省岸线的37.58%；划定海岛自然岸线49.69千米，占全省海岛岸线的35.28%。

3. 陆海统筹生态保护红线划定结果

综合陆域、海域生态保护红线划定结果，全省生态保护红线区域总面积为18150.34平方千米，占全省陆海统筹国土总面积的13.14%。

（二）陆域生态保护红线划分类型和标准

按照《生态保护红线划定指南》要求，结合江苏实际，陆域生态保护红线共划分为8种生态保护红线类型，并提出如下划分标准：

1. 自然保护区

国家级、省级、市级、县级自然保护区的核心区、缓冲区和实验区划入生态保护红线。

2. 森林公园的生态保育区和核心景观区

国家级、省级森林公园的生态保育区和核心景观区划入生态保护红线。

3. 风景名胜区的一级保护区（核心景区）

国家级、省级风景名胜区的一级保护区（核心景区）划入生态保护红线。位于生态空间以外或人文景观类的风景名胜区，可不划入生态保护红线。

4. 地质公园的地质遗迹保护区

国家级、省级地质公园的地质遗迹保护区划入生态保护红线。

5. 湿地公园的湿地保育区和恢复重建区

国家级、省级湿地公园的湿地保育区和恢复重建区划入生态保护红线。

6. 饮用水水源地保护区

县级以上集中式饮用水水源地一级、二级保护区划入生态保护红线。准保护区也可划入生态保护红线。

7. 水产种质资源保护区的核心区

国家级、省级水产种质资源保护区的核心区划入生态保护红线。

8. 重要湖泊湿地的核心保护区域

洪泽湖、骆马湖、高邮湖、邵伯湖、里下河腹部地区湖泊湖荡、白马湖、宝应湖、太湖、滆湖、长荡湖、石臼湖、固城湖等 12 个省管湖泊的湖体部分划入生态保护红线。湖体周边的湿地、自然岸线等也可划入生态保护红线。

（三）陆域生态保护红线分布

按照主导生态系统服务功能，全省陆域生态保护红线分为水源涵养、水土保持、生物多样性保护 3 大功能 7 个分区。

水源涵养生态保护红线。江苏省水源涵养生态保护红线面积为 4817.50 平方千米，占全省土地面积的 4.67%，主要分布在长江流域、太湖流域、京杭大运河沿线，主要包含 3 个生态保护红线分区。长江水源涵养生态保护红线。主要位于我国长江流域中下游地区、江苏中部，涉及南京、镇江、常州、无锡、苏州、扬州、泰州和南通 8 个设区市，为江苏省重要的饮用水水源地。划定生态保护红线面积 945.33 平方千米，占水源涵养生态保护红线面积的 19.63%，占全省陆域生态保护红线面积的 11.16%。太湖水源涵养生态保护红线。位于江苏省南部，是全省重要的水源涵养地，范围涉及苏州、无锡和常州 3 个设区市。划定生态保护红线面积 2008.32 平方千米，占水源涵养生态保护红线面积的 41.69%，占全省陆域生态保护红线面积的 23.70%。江淮湖荡水源涵养生态保护红线。位于江苏省西北部，范围涉及扬州市、淮安市、宿迁市 3 个设区市。划定生态保护红线面积 1863.85 平方千米，占水源涵养生态保护红线面积的 38.69%，占全省陆域生态保护红线面积的 21.99%。

生物多样性生态保护红线。江苏省生物多样性维护生态保护红线面积 2588.05 平方千米［不含盐城湿地珍禽保护区海域部分面积（约 1252.04 平方千米），盐城湿地珍禽保护区海域部分划入海域生态保护红线〕，占全省土地面积的 2.51%，分布在沿海地区、洪泽湖等地，主要包含 2 个生态保护红线分区。沿海湿地生物多样性生态保护红线。位于江苏省东部沿海，范围涉及盐城市、连云港市、南通市 3 个设区市。划定陆域生态保护红线面积 985.58 平方千米，占生物多样性生态保护红线面积的 38.08%，占全省陆域生态保护红线面积的 11.63%。洪泽湖湿地生物多样性生态保护红线。位于江苏省西部淮河下游，苏北平原中部西侧，范围涉及淮安、宿迁 2 个设区市。划定生态保护红线面积 1602.47 平方千米，占生物多样性生态保护红线面积的 61.92%，占全省陆域生态保护红线面积的 18.91%。

水土保持生态保护红线。江苏省水土保持生态保护红线面积为 1068.72 平方千米，占全省土地面积的 1.04%，主要分布在宜溧宁镇丘陵、淮北丘岗，主要包含 2 个生态保护红线分区。西南低山丘陵水土保持生态保护红线。主要位于江苏省西南部，范围涉及南京、镇江、无锡、苏州等 4 个设区市。划定生态保护红线面积 696.98 平方千米，占水土保持生态保护红线面积的 65.22%，占全省陆域生态保护红线面积的 8.22%。淮北丘岗水土保持生态保护红线。主要位于江苏省的西北部，范围涉及徐州市 1 个设区市。划定生态保护红线面积 371.74 平方千米，占水土保持生态保护红线面积的 34.78%，占全省陆域生态保护红线面积的 4.39%。

（四）海域生态保护红线划分类型和标准

按照《生态保护红线划定指南》要求，结合江苏实际，海域生态保护红线共分为 8 种生态保护红线类型，并提出如下边界确定标准：

1. 自然保护区

国家级、省级、市级、县级自然保护区涉海部分的实际范围划入生态保护红线。

2. 海洋特别保护区

经批准公布的海洋特别保护区范围划入生态保护红线。

3. 重要河口生态系统

原则上根据自然地形地貌分界范围确定，实际根据水深地形、卫星遥感等资料和实地勘查的方法判断河口地貌形态，以半径 3 千米的扇形区域划入生态保护红线。

4. 重要滨海湿地

重要滨海湿地自岸线向海 –6 米等深线内的区域划入生态保护红线。其中，如东沿海重要湿地和小洋口沿海重要生态湿地已位于 –5 米到 –10 米等深线内，故采用实际区域没有进行外扩。

5. 重要渔业海域

主要将重要渔业资源的产卵场、育幼场、索饵场和洄游通道范围划入生态保护红线。实际划定过程中，除了将国家及省两级海洋水产种质资源保护区划入生态保护红线，界线以审批的拐点坐标为准，还选择了一些重要渔业资源的养殖区、捕捞区等重要农渔业区划入生态保护红线。

6. 特殊保护海岛

从海岛岸线向海 3.5 海里确定为生态保护红线范围，对面积小且间距小于 3.5 海里的相邻海岛的公共海域也划入生态保护红线。

7. 重要滨海旅游区

经批准公布的重要滨海旅游区的实际区域向海扩展 100 米。其中，墟沟旅游休闲娱乐区东不到 100 米是鸽岛；连岛旅游休闲娱乐区去掉岛屿部分只保留海域部分，向海与海洋公园相邻，故均未外扩。

8. 重要砂质岸线及邻近海域

原则上以砂质岸滩高潮线至向陆一侧的砂质岸线退缩线（高潮线向陆一侧 500 米或第一个永久性构筑物或防护林），向海一侧的最大落潮位置围成的区域。实际划定过程中，连云港执行以下标准：向陆一侧至管理岸线；向海一侧，赣榆砂质岸线以离岸线 3 千米的区域（约为等深线 –1 米），连云区砂质岸线以离岸线 500 米为准。

（五）海域生态保护红线分布

江苏省海域生态保护红线包括自然保护区、海洋特别保护区、重要河口生态系统、重要滨海湿地、重要渔业海域、特别保护海岛、重要滨海旅游区、重要砂质岸线及邻近海域等 8 种类型。海洋生态保护红线分为禁止和限制类两类区域，其中：禁止类红线区面积 680.72 平方千米，占海洋生态保护红线总面积的 7.0%；限制类红线区面积 8995.35 平方千米，占海洋生态保护红线总面积的 93.0%。

1. 自然保护区红线区

共划定自然保护区涉海红线区 14 个，其中：禁止类 5 个，面积 631.22 平方千米；限制类 9 个，面积 1315.03 平方千米。自然保护区红线区面积 1946.25 平方千米，占全省海域生态保护红线总面积的 20.11%。分布在沿海三个设区市。

2. 海洋特别保护区红线区

共划定海洋特别保护区红线区 12 个，其中：禁止类 6 个，面积 49.50 平方千米；限制类 6 个，面积 536.06 平方千米。海洋特别保护区红线区面积为 585.56 平方千米，占全省海域生态保护红线总面积的 6.05%。分布在沿海三个设区市。

3. 重要河口生态系统红线区

共划定限制类红线区 2 个，面积为 13.18 平方千米，占全省海域生态保护红线总面积的 0.14%。主要分布在南通。

4. 重要滨海湿地红线区

共划定限制类红线区 3 个，面积 273.05 平方千米，占全省海域生态保护红线总面积的 2.82%。主要分布在南通。

5. 重要渔业海域红线区

共划定限制类红线区 16 个，面积 6076.09 平方千米，占全省海域生态保护红线总面积的 62.80%，分布在沿海三个设区市。

6. 特别保护海岛红线区

共划定限制类红线区 16 个，面积 676.53 平方千米，占全省海域生态保护红线总面积的 6.99%，分布在沿海三个设区市。

7. 重要滨海旅游区红线区

共划定限制类红线区 8 个，面积 90.40 平方千米，占全省海域生态保护红线总面积的 0.93%，分布在沿海三个设区市。

8. 重要砂质岸线及邻近海域生态红线区

共划定限制类红线区 2 个，面积 15.01 平方千米，占全省海域生态保护红线总面积的 0.16%，主要分布在连云港。

表 3-3 江苏省陆域生态红线区域面积一览表

土地面积（平方千米）	总面积（平方千米）	一级管控区面积（平方千米）	二级管控区面积（平方千米）	总面积占土地面积比例（%）
6587	1455.04	372.61	1082.43	22.09
4327	1327.34	72.02	1255.32	28.69
11258	2093.6	211.08	1882.52	18.6
4385	905.71	68.88	836.83	20.65
8488	3205.52	141.76	3063.76	37.77
8001	1514.25	196.42	1317.83	18.93
7615	1672.44	64.73	1607.71	21.96
10072	212.74	377.79	1742.95	21.06
16932	3686.89	941.2	2745.69	21.77
6591	1325.2	150.83	1174.37	20.11
3847	723.83	86.2	637.63	18.82
5787	1043.01	57.75	985.26	18.02
8555	1766.01	367.16	1398.85	20.64
102745	22839.58	3108.43	19731.15	22.23

（数据来源：《江苏省 2018 年国民经济与社会发展统计公报》。）

表 3-4 江苏省海域生态红线区域面积

地区	总面积（平方千米）	一级管控区面积（平方千米）	二级管控区面积（平方千米）
南通	32.52	13.86	18.66
连云港	841.85	44.27	797.58
盐城	389.54		389.54
合计	1263.91	58.13	1205.78

（数据来源：《江苏省 2018 年国民经济与社会发展统计公报》。）

二、江苏省生态红线管控

分级分类管控措施。生态红线区域实行分级管理，划分为一级管控区和二级管控区。一级管控区是生态红线的核心，实行最严格的管控措施，严禁一切形式的开发建设活动；二级管控区以生态保护为重点，实行差别化的管控措施，严禁有损主导生态功能的开发建设活动。

在对生态红线区域进行分级管理的基础上，按 15 种不同类型实施分类管理。若同一生态红线区域兼具 2 种以上类别，按最严格的要求落实监管措施。规划没有明确的管控措施按相关法律法规执行。

表 3–5   江苏省生态管控类型、分区及措施一览表

类型	管控分区	管控措施
自然保护区	自然保护区的核心区和缓冲区为一级管控区，实验区为二级管控区；未做总体规划或未进行功能分区的，全部为一级管控区	一级管控区内严禁一切形式的开发建设活动。二级管控区内禁止砍伐、放牧、狩猎、捕捞、采药、开垦、烧荒、开矿、采石、捞砂等活动（法律、行政法规另有规定的从其规定）；严禁开设与自然保护区保护方向不一致的参观、旅游项目；不得建设污染环境、破坏资源或者景观的生产设施；建设其他项目，其污染物排放不得超过国家和地方规定的污染物排放标准；已经建成的设施，其污染物排放超过国家和地方规定的排放标准的，应当限期治理；造成损害的，必须采取补救措施
风景名胜区	风景名胜区总体规划划定的核心景区为一级管控区，其余区域为二级管控区	一级管控区内严禁一切形式的开发建设活动。二级管控区内禁止开山、采石、开矿、开荒、修坟立碑等破坏景观、植被和地形地貌的活动；禁止修建储存爆炸性、易燃性、放射性、毒害性、腐蚀性物品的设施；禁止在景物或者设施上刻画、涂污；禁止乱扔垃圾；不得建设破坏景观、污染环境、妨碍游览的设施；在珍贵景物周围和重要景点上，除必需的保护设施外，不得增建其他工程设施；风景名胜区内已建的设施，由当地人民政府进行清理，区别情况，分别对待；凡属污染环境，破坏景观和自然风貌，严重妨碍游览活动的，应当限期治理或者逐步迁出；迁出前，不得扩建、新建设施
森林公园	森林公园中划定的生态保护区为一级管控区，其余区域为二级管控区	一级管控区内严禁一切形式的开发建设活动。二级管控区内禁止毁林开垦和毁林采石、采砂、采土以及其他毁林行为；采伐森林公园的林木，必须遵守有关林业法规、经营方案和技术规程的规定；森林公园的设施和景点建设，必须按照总体规划设计进行；在珍贵景物、重要景点和核心景区，除必要的保护和附属设施外，不得建设宾馆、招待所、疗养院和其他工程设施
地质遗迹保护区	地质遗迹保护区内具有极为罕见和重要科学价值的地质遗迹为一级管控区，其余区域为二级管控区	一级管控区内严禁一切形式的开发建设活动。二级管控区内禁止下列行为：在保护区内及可能对地质遗迹造成影响的一定范围内进行采石、取土、开矿、放牧、砍伐以及其他对保护对象有损害的活动；未经管理机构批准，在保护区范围内采集标本和化石；在保护区内修建与地质遗迹保护无关的厂房或其他建筑设施。对已建成并可能对地质遗迹造成污染或破坏的设施，应限期治理或停业外迁

续表

类型	管控分区	管控措施
湿地公园	湿地公园内生态系统良好，规划为湿地保育区和恢复重建区的区域为一级管控区，其余区域为二级管控区	一级管控区内严禁一切形式的开发建设活动。二级管控区内除国家另有规定外，禁止下列行为：开（围）垦湿地、开矿、采石、取土、修坟以及生产性放牧等；从事房地产、度假村、高尔夫球场等任何不符合主体功能定位的建设项目和开发活动；商品性采伐林木，猎捕鸟类和捡拾鸟卵等行为
饮用水水源保护区	饮用水水源保护区的一级保护区为一级管控区，二级保护区为二级管控区。准保护区也可划为二级管控区	一级管控区内严禁一切形式的开发建设活动。二级管控区内禁止下列行为：新建、扩建排放含持久性有机污染物和含汞、镉、铅、砷、硫、铬、氰化物等污染物的建设项目；新建、扩建化学制浆造纸、制革、电镀、印制线路板、印染、染料、炼油、炼焦、农药、石棉、水泥、玻璃、冶炼等建设项目；排放省人民政府公布的有机毒物控制名录中确定的污染物；建设高尔夫球场、废物回收（加工）场和有毒有害物品仓库、堆栈，或者设置煤场、灰场、垃圾填埋场；新建、扩建对水体污染严重的其他建设项目，或者从事法律、法规禁止的其他活动；设置排污口；从事危险化学品装卸作业或者煤炭、矿砂、水泥等散货装卸作业；设置水上餐饮、娱乐设施（场所），从事船舶、机动车等修造、拆解作业，或者在水域内采砂、取土；围垦河道和滩地，从事围网、网箱养殖，或者设置集中式畜禽饲养场、屠宰场；新建、改建、扩建排放污染物的其他建设项目，或者从事法律、法规禁止的其他活动。在饮用水水源二级保护区内从事旅游等经营活动的，应当采取措施防止污染饮用水水体
海洋特别保护区	海洋特别保护区内的珍稀濒危物种自然分布区、典型生态系统集中分布区和其他生态敏感脆弱区或生态修复区，以及特殊海洋生态景观、历史文化遗迹、独特地质地貌景观等为一级管控区，其余区域为二级管控区	一级管控区内严禁一切形式的开发建设活动。二级管控区内禁止进行下列活动：狩猎、采拾鸟卵；砍伐红树林、采挖珊瑚和破坏珊瑚礁；炸鱼、毒鱼、电鱼；直接向海域排放污染物；擅自采集、加工、销售野生动植物及矿物质制品；移动、污损和破坏海洋特别保护区设施
洪水调蓄区	洪水调蓄区为二级管控区	洪水调蓄区内禁止建设妨碍行洪的建筑物、构筑物，倾倒垃圾、渣土，从事影响河势稳定、危害河岸堤防安全和其他妨碍河道行洪的活动；禁止在行洪河道内种植阻碍行洪的林木和高秆作物；在船舶航行可能危及堤岸安全的河段，应当限定航速

续表

类型	管控分区	管控措施
重要水源涵养区	重要水源涵养区内生态系统良好、生物多样性丰富、有直接汇水作用的林草地和重要水体为一级管控区，其余区域为二级管控区	一级管控区内严禁一切形式的开发建设活动。二级管控区内禁止新建有损涵养水源功能和污染水体的项目；未经许可，不得进行露天采矿、筑坟、建墓地、开垦、采石、挖砂和取土活动；已有的企业和建设项目，必须符合有关规定，不得对生态环境造成破坏
重要渔业水域	国家级水产种质资源保护区核心区为一级管控区，其他渔业水域为二级管控区	一级管控区内严禁一切形式的开发建设活动。二级管控区内禁止使用严重杀伤渔业资源的渔具和捕捞方法捕捞；禁止在行洪、排涝、送水河道和渠道内设置影响行水的渔网、鱼箔等捕鱼设施；禁止在航道内设置碍航渔具；因水工建设、疏航、勘探、兴建锚地、爆破、排污、倾废等行为对渔业资源造成损失的，应当予以赔偿；对渔业生态环境造成损害的，应当采取补救措施，并依法予以补偿，对依法从事渔业生产的单位或者个人造成损失的，应当承担赔偿责任
重要湿地	重要湿地内生态系统良好、野生生物繁殖区及栖息地等生物多样性富集区为一级管控区，其余区域为二级管控区	一级管控区内严禁一切形式的开发建设活动。二级管控区内除法律法规有特别规定外，禁止从事下列活动：开（围）垦湿地，放牧、捕捞；填埋、排干湿地或者擅自改变湿地用途；取用或者截断湿地水源；挖砂、取土、开矿；排放生活污水、工业废水；破坏野生动物栖息地、鱼类洄游通道，采挖野生植物或者猎捕野生动物；引进外来物种；其他破坏湿地及其生态功能的活动
清水通道维护区	清水通道维护区划为一级管控区和二级管控区	一级管控区内严禁一切形式的开发建设活动。二级管控区内未经许可禁止下列活动：排放污水、倾倒工业废渣、垃圾、粪便及其他废弃物；从事网箱、网围渔业养殖；使用不符合国家规定防污条件的运载工具；新建、扩建可能污染水环境的设施和项目，已建成的设施和项目，其污染物排放超过国家和地方规定排放标准的，应当限期治理或搬迁。沿岸港口建设必须严格按照省人民政府批复的规划进行，污染防治、风险防范、事故应急等环保措施必须达到相关要求
生态公益林	国家级、省级生态公益林中的天然林为一级管控区，其余区域为二级管控区	一级管控区内严禁一切形式的开发建设活动。二级管控区内禁止从事下列活动：砍柴、采脂和狩猎；挖砂、取土和开山采石；野外用火；修建坟墓；排放污染物和堆放固体废物；其他破坏生态公益林资源的行为
太湖重要保护区	太湖重要保护区为二级管控区	严格执行《太湖流域管理条例》和《江苏省太湖水污染防治条例》等有关规定
特殊物种保护区	特殊物种保护区为二级管控区	特殊物种保护区内禁止新建、扩建对土壤、水体造成污染的项目；严格控制外界污染物和污染水源的流入；开发建设活动不得对种质资源造成损害；严格控制外来物种的引入

三、江苏省资源环境生态红线体系

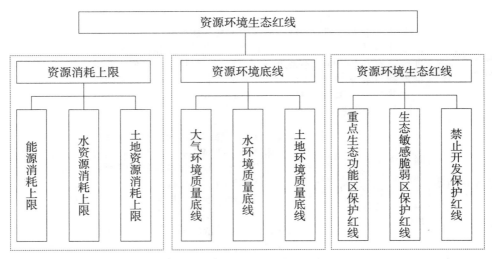

图 3-2 资源环境生态红线体系示意图

第三节 江苏省"三线一单"管控要求

一、"三线一单"管控核心

"三线一单"是指生态保护红线、环境质量底线、资源利用上线和环境准入清单，是推进生态环境保护精细化管理、强化国土空间环境管控、推进绿色发展高质量发展的一项重要工作。自 2017 年底开始，国家首选包括江苏省在内的沿江 12 省市开展长江经济带战略环评"三线一单"编制工作。

生态保护红线：指在生态空间范围内具有特殊重要生态功能、必须强制性严格保护的区域，是保障和维护国家生态安全的底线和生命线，通常包括具有重要水源涵养、生物多样性维护、水土保持、防风固沙、海岸生态稳定等功能的生态功能重要区域，以及水土流失、土地沙化、石漠化、盐渍化等生态环境敏感脆弱区域。按照"生态功能不降低、面积不减少、性质不改变"的基本要求，实施严格管控。

环境质量底线：指按照水、大气、土壤环境质量不断优化的原则，结合环境质量现状和相关规划、功能区划要求，考虑环境质量改善潜力，确定的分区域分阶段环境质量目标及相应的环境管控、污染物排放控制等要求。

资源利用上线：指按照自然资源资产"只能增值、不能贬值"的原则，以保障生态安全和改善环境质量为目的，利用自然资源资产负债表，结合自然资源开发管控，提出的分区域分阶段的资源开发利用总量、强度、效率等上线管控要求。

环境准入负面清单：指基于环境管控单元，统筹考虑生态保护红线、环境质量底线、资源利用上线的管控要求，提出的空间布局、污染物排放、环境风险、资源开发利用等方面禁止和限制的环境准入要求。

"三线一单"是一套生态环境分区的管控体系，"三线"是划框子，明确生态环境保护的边界和底线，衔接资源开发利用的上线；"一单"就是定规则，规范开发行为，约束活动的性质和规模，通过负面清单确定一个地方在生态环境资源约束下能干什么、不能干什么。总的来看，"三线"是一种约束，其划定的过程就是梳理和明确区域、流域生态环境约束的过程。"一单"是"三线"应用的出口，就是基于"三线"的划定成果，对各类空间提出关于开发建设活动的限制性要求，从而引导区域和产业的健康发展。

管控是"三线一单"编制工作的核心，通过"划框子""定规则"，确立生态环境保护的规矩。在编制过程中，最关键的是要识别一个区域空间或者一个流域空间存在的重大的战略问题，并明确哪些问题和环境质量的目标冲突、哪些地方需要管、怎么管等要求，然后把这些问题和相应的管控要求落在具体的行业、领域以及具体的空间范围内的活动。空间管控需要把握集成化、空间化、清单化三个特点，将过去分散的、不明确的、不能落地的管控要求集成起来，落实到具体的环境管控单元，形成生态环境准入清单。清单编制的重点是要明确两类主体，从而规划重点管控的空间。环境管控单元的划分也是依据人类活动的边界来划分，第一类空间是禁止开展建设的空间，这类空间就是需要优先保护的空间，需要通过划定生态保护红线来进行确定；管控的是人类第二类空间是人类活动非常频繁的空间，这类空间最典型的代表就是以工业集聚区、产业园区为代表的城镇空间，包括城镇生活区。

二、"三线一单"的编制与实施

划定并严守"三线一单"，实施生态环境分区管控，是深入贯彻党中央、国务院全面加强生态文明建设和生态环境保护，坚决打赢污染防治攻坚战的重大部署。

2015年7月，习近平总书记在中央深改组第十四次会议上，首次提出"严守资源消耗上限、环境质量底线、生态保护红线"。

2018年5月，全国生态环境保护大会确立了"划定并严守生态保护红线、环境质量底线、资源利用上线"的目标要求。

2018年6月，《中共中央国务院关于全面加强生态环境保护坚决打好污染防治攻坚战的意见》正式提出"加快确定生态保护红线、环境质量底线、资源利用上线，制定生态环境准入清单"。

江苏地处长江、淮河下游，东濒黄海，是长江中下游平原的重要组成部分，肩负着保障长江流域、太湖流域和"南水北调"沿线生态安全的重大使命。加快优化全省生产、生活、生态空间，形成节约资源和保护环境的空间格局、产业结构、生产方式、生活方式，是推动高质量发展的重要内容。在全省实施"三线一单"生态环境分区管控，是深入贯彻习近平生态文明思想、保持发展战略定力的充分体现，是加快生态环境治理体系和治理能力现代化建设的内在需要，是实施生态环境精细化管理、改善生态环境质量的重要抓手，也是推进"美丽江苏"建设的重要举措，具有十分重要的现实意义。

江苏省对照长江经济带"共抓大保护，不搞大开发"、长三角一体化发展、大运河文化带建设、淮河生态经济带等发展和保护战略定位，审视区域发展和资源环境面临的战略性问题，以"改善区域环境质量和流域生态功能"为目标，编制形成"三线一单"成果并实现了数据平台应用，强化协调经济发展和生态环境保护、持续优化空间布局、保障人居环境安全，积极打造人与自然和谐共生的美丽江苏。

此外，在"三线一单"成果的基础上，形成了《江苏省"三线一单"实施方案》，江苏省政府办公厅两轮发文征求省协调小组各成员部门及设区市人民政府意见，共收到反馈意见423条。技术组对收集的意见进行认真梳理、仔细分析，对未采纳意见逐条进行了说明和反馈，为推进"三线一单"成果落地提供了基础保障。对本省所在长江经济带的战略定位把握到位，对长江、太湖、淮河、沿海等重点流域（区域）突出生态环境问题识别较为准确，环境管控单元的划分尺度把握得当，环境准入清单的编制分类合理、思路清晰、重点突出，体现江苏的区域特点。

近年来，江苏省持续推动"三线一单"工作落地落实，将"生态保护红线、环境质量底线、资源利用上线"的环境管控要求，以生态环境准入清单的方式落到各个环境管控单元，形成环境分区管控体系。"三线一单"以改善环境质量为核心，系统分析国土空间的资源环境属性；以精细化管控为导向，把全省国土空间划分为4208个环境管控单元。通过"三线"划框子，框住各类空间利用格局和开发强度；通过"一单"定规则，规范各环境管控单元开发行为和准入要求，为推动全省高质量发展提供了绿色支撑。

目前，江苏初步建立了覆盖全省、"落地"到乡镇和产业园区的生态环境分区管控体系，率先建成了"三线一单"管理平台，实现了"三线一单"成果与既有生态环境信息化管理系统的结合，是生态环境分区管控的创新实践。

在2018年10月29日召开的长江经济带战略环评江苏省"三线一单"编制工作推进会上获悉，江苏省已基本完成"三线一单"编制工作，从而进一步优化江苏省空间布局、调整产业结构，确保发展不超载、底线不突破。

2019年11月1日，江苏省"三线一单"成果在北京顺利通过生态环境部组织召开的成果审核会。由中国环境科学研究院吴丰昌院士和来自清华大学、生态环境部环境工程评估中心、生态环境部环境规划院、中国科学院地理科学与资源研究所、国家发展和改革委员会宏观经济研究院等单位的9名专家组成的审核组对江苏省技术成果给予高度评价，一致认为：江苏省"三线一单"工作基础扎实，资料数据翔实，技术方法适宜，成果文件和成果数据达到了生态环境部印发的有关技术规范要求。初步建立了覆盖江苏省、"落地"到乡镇和产业园区的生态环境分区管控体系，率先建成了"三线一单"管理平台，实现了"三线一单"成果与既有生态环境信息化管理系统相结合，是生态环境分区管控的创新实践，在深入分析生态功能定位和区域发展特征与趋势的基础上，江苏确定了包括生态保护红线和一般生态空间的生态分区管控格局。提出了近期2020年、中期2025年、远期2035年大气、水环境质量底线及土壤污染风险防控底线。与土地资源、水资源、能源领域相关规划相衔接，确定了近期2020年江苏省资源利用上线。以"三线"划定的要素管控分区为基础，与行政边界、各级各类产业园区及中心城区边界相协调，综合划定环境管控单元。

在环境准入清单的编制中，江苏注重集成与创新相结合，既集成了现行法律法规标准，国家、省以及重点区域（流域）环境管理政策，"三线"环境管控要求，又依据管控单元主要功能、生态环境突出问题和产业布局等特点，有针对性地提出个性化的管控要求。同时，江苏率先开展长江岸线管控分区研究，以沿江1千米为纵深，划定岸线管控分区。结合全省岸线利用现状和沿江港口布局规划，对现状不符合优先保护的岸线进行优化调整，为生态环境部岸线生态环境分类管控技术规范的制定提供了基础。

按照生态保护红线陆海统筹的要求，江苏省形成生态保护红线"一张图"，划定国家级生态保护红线18150.34平方千米，占全省陆海统筹国土总面积的13.14%。在环境质量底线划定上，全省共划定水环境优先保护区103个，重点管控区154个，一般管控区72个，其中，重点管控区面积占比最大，达73.1%。全省共划定大气管控区167个，其中重点管控区面积占比最大，为50.82%。全省初步划定土壤重点管控区126块，总面积405.9527平方千米，占全省土地面积0.38%。

在"三线"基础上江苏省划定管控单元，制订环境准入清单。全省共划定4638个环境管控单元，其中，沿海、沿江、环太湖区域10个设区市实行高精度管控，最小管控单元划至乡镇街道以下，实现要素空间全覆盖、不留白。同时，江苏省初步建成"三线一单"信息平台，通过统一的数据底图、统一的传输网络，实现全省行政边界、生态保护红线等数据省市县三级共享，地市细化的管控单元数据可即时同步更新。

在满足生态环境部"三线一单"数据共享要求的基础上，江苏省先后开发了三个应用模块：通过建设项目环境准入模块，进一步加强环评审批校核；通过行业准入分析模块，有效识别各行业新建项目在省内允许落地的区域；

通过产业布局分析模块，深度分析现有污染源及行业分布情况，为全省经济布局优化调整提供决策支撑。

三、"三线一单"生态环境分区管控方案

为全面落实中共中央、国务院关于全面加强生态环境保护坚决打好污染防治攻坚战的意见，深入贯彻"共抓大保护、不搞大开发"要求，推动长江经济带高质量发展，现就落实生态保护红线、环境质量底线、资源利用上线，编制生态环境准入清单（以下统称"三线一单"），实施生态环境分区管控，制定本方案。

（一）总体要求

1. 指导思想

以习近平新时代中国特色社会主义思想为指导，深入践行习近平生态文明思想，全面贯彻党的十九大和十九届二中、三中、四中全会精神，坚持生态优先、绿色发展，按照"守底线、优格局、提质量、保安全"的总体思路，以改善生态环境质量为核心，建立覆盖全省的"三线一单"生态环境分区管控体系，提升生态环境治理体系和治理能力现代化水平，推动全省生态文明建设迈上新台阶，加快建设"环境美"的新江苏。

2. 基本原则

——坚持底线思维。落实最严格的环境保护制度，坚持生态环境质量只能更好、不能变坏，生产生活不突破生态保护红线，开发建设不突破资源环境承载力，确保生态环境安全。

——坚持分类管控。根据生态环境功能、自然资源禀赋和经济社会发展实际，划定环境管控单元，实施差别化生态环境管控措施，促进生态环境质量持续改善。

——坚持统筹实施。按照省级统筹、上下联动、区域协同的原则，与国土空间规划衔接，统筹推进落实"三线一单"管控要求；结合经济社会发展和生态环境改善的新形势新任务新要求，定期评估、动态更新调整。

3. 主要目标

到 2020 年，全省生态环境质量总体改善，国土空间进一步优化，环境

风险有效防控，生态环境保护水平同全面建成小康社会目标相适应。

——生态保护红线。全省陆域生态空间保护区域总面积 23216.24 平方千米，占全省陆域面积的 22.49%。其中，国家级生态保护红线陆域面积 8474.27 平方千米，占全省陆域面积的 8.21%；生态空间管控区域面积 14741.97 平方千米，占全省陆域面积的 14.28%。全省海洋生态保护红线面积 9676.07 平方千米，占全省管辖海域面积的 27.83%。

——环境质量底线。104 个地表水国家考核断面达到或优于Ⅲ类水质比例达到 70.2% 以上，基本消除劣于Ⅴ类水体。全省 PM2.5 平均浓度为 43 微克每立方米，空气质量优良天数比率达到 72% 以上。全省土壤环境质量总体保持稳定，农用地和建设用地土壤环境安全得到基本保障，土壤环境风险得到基本管控，受污染耕地安全利用率达到 90% 以上。

——资源利用上线。全省用水总量不超过 524.15 亿立方米，耕地保有量不低于 456.87 万公顷，永久基本农田保护面积不低于 390.67 万公顷。

到 2025 年，全省生态环境质量持续改善，产业结构不断调整优化，绿色发展和绿色生活水平明显提高，生态环境治理体系和治理能力现代化水平显著提升。水生态系统功能持续恢复，水资源、水生态、水环境统筹推进格局基本形成，国家考核断面达到或优于Ⅲ类水质比例达到 80% 以上。全省 PM2.5 平均浓度为 38 微克每立方米，空气质量优良天数比率达到 78% 以上。全省土壤环境质量稳中向好，农用地和建设用地土壤环境安全得到有效保障。

到 2035 年，全省生态环境质量实现根本好转，节约资源和保护生态环境的空间格局、产业结构、生产方式、生活方式总体形成，生态文明全面提升，率先实现生态环境领域治理体系和治理能力现代化。全省生态系统结构合理、生态功能分工明确、生态安全格局稳定。国家考核断面达到或优于Ⅲ类水质比例达到 90% 以上。PM2.5 平均浓度为 25 微克每立方米，全面消除重污染天气。土壤环境风险得到全面有效管控。

（二）生态环境分区管控

4. 划分环境管控单元

全省共划定环境管控单元 4365 个，分为优先保护单元、重点管控单元和一般管控单元三类，实施分类管控（表 3–6）。

表 3–6　　　　　　　　　　江苏省环境管理单元分类管控情况一览表

类型	边界	占比	管控措施
优先保护单元	指以生态环境保护为主的区域。主要包括生态保护红线和生态空间管控区域	全省划分优先保护单元 1177 个，其中陆域 1104 个，占全省土地面积的 22.49%；海域 73 个，占全省管辖海域面积的 27.83%	优先保护单元严格按照国家生态保护红线和省级生态空间管控区域管理规定进行管控。依法禁止或限制开发建设活动，确保生态环境功能不降低、面积不减少、性质不改变；优先开展生态功能受损区域生态保护修复活动，恢复生态系统服务功能
重点管控单元	指涉及水、大气、土壤、自然资源等资源环境要素重点管控的区域，主要包括人口密集的中心城区和产业园区	全省划分重点管控单元 2041 个，占全省土地面积的 18.47%	重点管控单元主要推进产业布局优化、转型升级，不断提高资源利用效率，加强污染物排放控制和环境风险防控，解决突出生态环境问题
一般管控单元	指除优先保护单元、重点管控单元以外的其他区域，衔接街道（乡镇）边界形成管控单元	全省划分一般管控单元 1147 个，占全省土地面积的 59.04%	一般管控单元主要落实生态环境保护基本要求，加强生活污染和农业面源污染治理，推动区域环境质量持续改善

5. 落实生态环境管控要求

严格落实生态环境法律法规标准，国家、省和重点区域（流域）环境管理政策，准确把握区域发展战略和生态功能定位，建立完善并落实省域、重点区域（流域）、市域及各类环境管控单元的"1+4+13+N"生态环境分区管控体系，包括全省"1"个总体管控要求，长江流域、太湖流域、淮河流域、沿海地区"4"个重点区域（流域）管控要求，"13"个设区市管控要求，以及全省"N"个（4365 个）环境管控单元的生态环境准入清单，着重加强省级及以上产业园区、市县级及以下产业园区环境管理，严格落实生态环境准入清单要求。各设区市应结合区域发展格局、生态环境问题及生态环境目标要求，制定市域管控要求和环境管控单元的生态环境准入清单。

（三）"三线一单"实施应用

6. 加强规划衔接应用

各地和省有关部门应将"三线一单"确定的生态、水、大气、土壤、近岸海域、资源利用等方面的管控要求，作为区域生态环境准入和区域环境管理的重要依据，与国土空间规划以及其他行业发展规划充分衔接。

7. 规范开发建设活动

各地和省有关部门在产业布局、结构调整、资源开发、城镇建设、重大项目选址时，应将"三线一单"确定的环境管控单元及生态环境准入清单作为重要依据，并在政策制定、规划编制、执法监管等过程中做好应用，确保与"三线一单"相符合。具有建设项目审批职责的有关部门，应把"三线一单"作为审批的重要依据，从严把好生态环境准入关。对列入国家和省规划，涉及生态保护红线和生态空间管控区域的重大民生项目、重大基础设施项目，应优化空间布局、主动避让；确实无法避让的，应采取无害化方式，依法依规履行手续，强化减缓生态环境影响和生态补偿措施。

8. 推动生态环境治理

各地和省有关部门应将"三线一单"成果作为改善环境质量、实施生态修复、防控环境风险的重要依据，加快治理水、大气、土壤环境污染，推动实现环境质量约束性考核目标。组织开展优先保护单元的生态保护修复活动，进一步增强生态服务功能。切实加强重点管控单元的污染物排放控制和环境风险防范，为打赢污染防治攻坚战提供重要保障。

9. 强化生态环境监管

具有生态环境保护监管职责的有关部门，应把"三线一单"作为监督开发建设、生产经营活动的重要依据，将"三线一单"确定的优先保护单元、重点管控单元作为环境监管重点区域，将生态环境分区管控要求作为重点内容，推进生态环境监管精细化、规范化、智能化。

10. 严格产业园区管理

各地和省有关部门应突出抓好"三线一单"在产业园区的落地实施，规范和引导开发建设行为，大力推动产业结构调整优化，加快建设完善环保基础设施，不断提高生态环境监测监控能力，切实加强环境监管执法，着力防范产业园区生态环境风险，全面推动产业园区绿色低碳循环发展。进一步做好产业园区规划环评，切实细化落实"三线一单"生态环境分区管控要求，实现"三线一单"和规划环评成果联动、融合、提升，引领产业园区高质量发展和生态环境高水平保护。

（四）"三线一单"长效管理

11. 建立信息管理平台

建立全省统一的"三线一单"信息管理平台，实现"三线一单"成果落图固化和动态管理。充分运用互联网、大数据等现代信息技术手段，推动"三线一单"信息管理平台与政务大数据互通共享。从严管理"三线一单"数据信息，确保信息管理平台安全高效运行。

12. 建立动态调整机制

"三线一单"原则上应根据国民经济和社会发展五年规划，同步更新调整发布。省政府授权省生态环境厅发布省级及以上产业园区生态环境准入清单，各设区市人民政府根据本方案要求，制定并发布本地区分区管控总体要求和环境管控单元的生态环境准入清单。因国家与地方发展战略、生态保护红线和生态空间管控区域、自然保护地和生态环境质量目标等发生重大调整，所涉及的环境管控单元及生态环境管控要求确须更新的，由各设区市政府提出申请，省生态环境厅组织审定后更新调整。

（五）保障措施

13. 加强组织领导

各设区市人民政府是本辖区"三线一单"编制和实施的主体，要切实落实主体责任，扎实推进"三线一单"的编制、发布和实施。省生态环境厅统筹做好"三线一单"的组织协调、管理应用等工作。省发展改革委、工业和信息化厅、自然资源厅、住房和城乡建设厅、交通运输厅、水利厅、农业农村厅、商务厅、市场监管局、林业局等有关部门，要根据职能分工，及时更新"三线一单"相关数据信息，并在职责范围内做好实施应用。

14. 加强运维保障

各设区市、省有关部门应组建长期稳定的专业技术团队，安排专项财政资金，切实保障"三线一单"实施、评估、更新调整、数据应用和维护、宣传培训等工作。

15. 加强监督评估

各设区市、省有关部门要建立健全"三线一单"成果应用评估和监督机制，定期跟踪评估"三线一单"实施成效，切实加强监督，推进实施应用。

四、"三线一单"实施的经验与思考

长江经济带"三线一单"是一个很好的起点和重要抓手，对于支撑"长江共抓大保护"和促进长江经济带高质量发展具有重要意义，开创性地构建了一个集成化、空间化、信息化的生态环境分区管控体系。

集成化是指"三线一单"把很多生态环境问题，比如水、气、土这些要素层面的问题，放在一起来考虑。同样的区域，水的问题是什么，气的问题是什么，从环境准入角度分别有什么要求，这是第一次明确了。不是从小的尺度上看这个问题，而是从整个流域角度，考虑多要素、跨部门的重大战略问题，比如城镇化发展的问题是什么、重化工发展的问题是什么等，所有这些问题，都要求这 12 个省（市）在编制"三线一单"的时候落实在分区管控的要求里面。

空间化是指把生态环境管控要求落实在具体的管控单元上，突出空间的概念。原来生态环境的管控基本是着眼于污染源、排放口，缺少空间的概念。如果总是一个个污染源去抓，那永远是被动的，因为这是末端治理。现在是在空间层面上看这些污染源的分布，考虑生态空间约束和资源环境承载能力，有的区域不能进入；有的可以进入，但要符合要求；还有一些现存的污染企业或开发项目，其发展也必须符合要求，存在的问题要按照要求进行整改。"三线一单"编制完成后，就拥有了对整个国土空间精细化环境管理的基础性框架。

信息化也可以说是平台化，是指通过这次工作把数据和信息按照统一的编码、统一的接口，建立一个覆盖国家、省（市）、地市三级的数据共享平台、环境准入管控平台，这项工作现在国家和地方同步在做。各地都要按照设计好的编码、接口和数据格式上报基础数据和单元，最终形成一个系统化的平台，实现国家、省（市）、地市三级的互联互通。未来要基于这个平台，实现"三线一单"成果的应用管理，比如，某个地市新落地一个项目，或者否决一个项目，省级、国家都能及时掌握。

"三线一单"编制成果重在强化环境保护的空间、总量、准入管理，推动环境空间管控。为保障"三线一单"成果的落地应用，江苏省初步建成"三线一单"信息平台，集成了"三线一单"编制成果、环境质量自动监测数据、"一企一档"、环评审批、排污许可等实时数据，通过统一的数据底图和传输网络，实现全省"三线一单"数据省市县三级共享，为下一步推进综合应用打下了坚实基础。

（一）支撑综合管理决策

从应用层级角度分析，国家及省级层面应用重点在于综合管理和决策支撑。江苏省"三线一单"注重空间属性和生态环境保护要求的结合，信息管理平台采用统一底图，集成了行政区划、土地利用规划、生态红线、环境管控分区、长江岸线管控、产业园区、环境管控单元等各类图层数据信息，可为城市空间规划、产业发展规划、交通港口规划等规划编制提供基础性支撑，为促进"多规合一"发挥积极作用。通过重点环境管控单元产业准入数据分析，可实时掌握相关行业布局，为调整区域产业结构提供基础支撑，为战略环评提供应用基础。

（二）服务基层环境管理

环境管控单元划定细化至乡镇街道，单元准入清单的制定充分结合了地方特点，有利于推动环境管控要求的落地。通过"三线一单"信息平台授信管理，可实现全省"三线一单"成果数据的集中管理、展示查询和共享交换，为基层规划环评和建设项目环评提供辅助决策分析。同时，也可应用于排污许可证核发、环境监管等方面，为地方环境管理提供技术支撑。

"三线一单"是推动环境空间精细化管理的重要抓手，是实施环境空间管控、强化源头预防和过程监管的重要手段。江苏省"三线一单"编制工作在生态环境部"三线一单"编制技术要求的基础上，结合实际情况，依托"三线一单"信息平台，从环境管理的空间化和精细化角度，探索研究了"三线一单"综合管理和决策体系，为"三线一单"成果落地奠定了基础。随着生态环境保护要求的不断提升和经济技术的进步，"三线一单"成果需要进行动态更新。在后续各项研究和工作中，应加强省市联动，结合省级"三线一单"实践效果，对地级市"三线一单"进一步深入研究，逐步完善"三线一单"生态空间管控体系。

第四章　江苏省绿色发展战略举措

近年来，全球经济发展正朝着绿色经济的方向发展，2017 年初，联合国开发计划署在宁波奉化区设立全球首个"绿色发展试点"，使奉行绿色发展的实践更进一步，成为展现中国良好形象的发力点。我国政府也随之出台了许多支持绿色发展的政策，旨在积极响应联合国的号召，履行绿色经济发展的承诺，使绿色发展深入到经济发展的各个领域。发展绿色产业关系到经济结构转型和未来新技术产业制高点的竞争。从国际看，在应对国际金融危机和全球气候变化的挑战中，世界主要经济体都把实施绿色新政、发展绿色经济作为刺激经济增长和转型的重要内容。从国内看，党中央各次会议都强调"十二五"时期是我国绿色经济发展难得的历史机遇期，要顺应世界经济发展和产业转型升级的大趋势，满足我国节能减排、发展循环经济和建设资源节约型环境友好型社会的需要。

第一节　绿色发展总体战略

"绿色发展"是一种积极、主动、进取的发展方式，蕴含着经济社会发展与生态保护之间辩证统一关系，是改善民生的重要手段，也是一种新的国际话语体系。习近平同志所讲的"金山银山"与"绿水青山"的"两座山论"对此做了直观而形象的解释。经历数十年高速经济发展，我国"环境—人口—资源"耦合的压力不断增大，严重制约了经济与社会的进一步发展。为实现经济社会的高质量与长期可持续发展，2012 年，党的十八大报告提出"大力推进生态文明建设"，"把资源消耗、环境损害、生态效益纳入经济社会发展评价体系"。2015 年，中央正式提出"绿色化"发展的"五化协同"新要求，"绿色化"将绿色发展放在了更高、更重要的位置。2017 年，党的十九大报告提出，要推进绿色发展，建立健全绿色低碳循环发展的经济体系。由此可见，新形势下，探索建立绿色发展评估方法，科学评价一个地区的绿色发展水平，对加快生态文明制度建设，用制度保护生态环境具有重要意义。江苏省的总体目标是绿色发展理念得到全面贯彻，绿色生态导向的制度体系全面建立，与资源环境承载力相匹配、生产生活生态相协调的农业发展新格局基本形成。江苏省为绿色发展制订了系列绿色发展总体思路及目标。

一、工业绿色发展总体思路及目标（2016 年）

贯彻落实习近平总书记视察江苏讲话精神，紧紧围绕"四个全面"战略布局，牢固树立并践行创新、协调、绿色、开放、共享五大新发展理念，坚定不移走新型工业化道路，顺应新一轮科技革命和产业变革、"互联网 +"发展趋势，抢抓"一带一路"、长江经济带建设和沿海开发国家战略机遇，大力推动工业绿色化发展，以促进先进制造业绿色发展和传统制造业绿色改造为着力点，以企业为主体，以工业产品绿色设计为引领，以绿色产品、绿色企业、绿色工业示范区建设为重点，以技术创新和制度创新为动力，加快产业转型升级，实现资源节约和综合利用，全面推行清洁生产，加大新能源应用力度，构建绿色制造科技创新体系和产业创新体系，突破一批绿色制造关键共性技术，进一步建立和完善长效推进机制，加快建设"高轻优强绿"特色鲜明的现代工业体系，为"迈上新台阶、建设新江苏"做出新的贡献。

到 2020 年，工业资源利用效率显著提升，工业污染物排放总量和强度明显下降，规模以上工业单位增加值能耗比 2015 年下降 18%，单位工业增加值二氧化碳排放量降低 19%，单位工业增加值用水量降低 20%，主要污染物排放降低 10%，工业固体废弃物综合利用率保持在 95% 以上，部分重化工业资源消耗和排放达到峰值，工业循环经济体系基本建立；大中型工业企业节能指标达到世界先进水平，形成一批绿色发展的示范企业；绿色制造水平明显提升，一大批关键共性绿色制造技术实现产业化应用，形成一批具有核心竞争力的骨干企业，创建一批国家级绿色工业园区和绿色示范工厂，工业绿色发展政策体系逐步完善；绿色产业发展的政策环境和服务管理水平进一步优化。

二、农业绿色发展总体思路及目标（2018 年）

认真学习贯彻习近平总书记系列重要讲话精神特别是视察江苏时的重要讲话精神，全面落实中央关于推进"互联网 +"行动的决策部署，以创新、协调、绿色、开放、共享新发展理念为指引，围绕转变农业发展方式、促进农民持续增收，切实加大改革创新力度，组织实施"互联网 +"现代农业行动，充分利用现代信息技术改造提升农业，加快推动信息化和现代农业深度融合，全面提升全省农业生产、经营、管理和服务水平，加快农业现代化进程。

到 2020 年，力争实现"123"目标，即农业电子商务年交易额达到 1000 亿元；全省规模设施农业物联网技术应用面积占比达到 20% 以上；实现县（市、涉农区）信息进村入户、农业行政管理网络化、农业市场主体信息服务 3 个全覆盖。全省农业信息化覆盖率达到 65%。让"互联网 +"成为全省现代农业建设的重要支撑和力量。

坚决服从服务国家战略，深入推进长三角一体化发展，是政治任务，也是发展机遇。江苏需要就环境保护及生态规划作出长远科学的规划，不为局部的、眼前的问题所困，把国家战略转化为发展优势，走高质量发展之路。

（一）资源利用更加节约高效

到 2020 年，全省耕地保有量不低于 6853 万亩，耕地质量比 2015 年提高 0.5 个等级，高标准农田比重达到 60%，受污染耕地安全利用率达到 90% 以上，农田灌溉水利用系数达到 0.60 以上。到 2030 年，全省耕地质量水平和农业用水效率进一步提高。

（二）产地环境更加清洁

到 2020 年，主要农作物化肥使用量较 2015 年削减 5%，农药使用量零增长，化肥、农药利用率达到 40%，高效低毒低残留农药使用面积占比达到

85%；秸秆综合利用率达 95%，规模养殖场治理率达 90%，废旧农膜回收率达 80%。到 2030 年，化肥、农药利用率进一步提升，农业废弃物实现资源化利用。

（三）生态系统更加稳定

到 2020 年，全省森林覆盖率达到 24% 以上，水土流失治理率达 82%，湿地面积不低于 4230 万亩。到 2030 年，田园、森林、湿地、水域生态系统进一步改善。

（四）绿色供给能力明显提升

到 2020 年，全省粮食综合生产能力稳定在 3500 万吨左右，种植业"三品"比重达到 55%，畜禽生态健康养殖比重达 50%，休闲观光农业加快发展。到 2030 年，农产品供给更加优质安全，农业生态服务能力进一步提高。

推进长三角地区绿色发展一体化，江苏跑出"加速度"：强化长江"共抓大保护、不搞大开发"的整体性和协同性，不断加强生态保护合作，加快长三角南翼宁杭生态经济带、北翼淮河生态经济带、纵贯南北的大运河文化带建设，让绿色发展成为长三角高质量一体化的鲜明标识，推动相邻地区加强对接、互利共赢、融合发展。

第二节　绿色产业转型与发展的政策措施

党中央各次会议都强调"十二五"时期是我国绿色经济发展难得的历史机遇期，要顺应世界经济发展和产业转型升级的大趋势，满足我国节能减排、发展循环经济和建设资源节约型环境友好型社会的需要。江苏省于 2013 年明确提出要加快培育发展绿色产业，使之成为新一轮经济发展的增长点和新的支柱产业。

国际绿色产业联合会于 2007 年对绿色产业做了如下定义："如果产业在生产过程中，基于环保考虑，借助科技，以绿色生产机制力求在资源使用上节约以及污染减少的产业，我们即可称其为绿色产业。"在我国，绿色产业主要指促进绿色生产和发展绿色产品的行动，通过自主创新和技术进步、健全激励与约束机制，发展和壮大那些能够有助于减少负面环境影响、提供环境友好产品、服务和设备的产业,使得绿色新兴产业发展对经济增长、就业创造的贡献不断提高。

一、江苏省产业结构特征

经过近40年的改革发展,江苏省经济基本形成了以制造业为主要发展行业的经济结构。虽然,随着经济结构的调整,第三产业的总体产值规模已经超过了第二产业(图4-1),但是制造业仍然是江苏省经济结构中,产值规模最大的行业。相对稳定的制造业发展环境,对于工业化和城镇化建设也起到了积极的促进作用,以制造业为核心的经济发展模式,对于人口流动的固化也起到一定的推动作用。

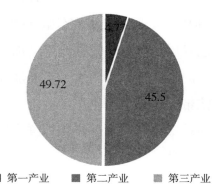

■ 第一产业   ■ 第二产业   ■ 第三产业

图4-1　2013—2016年江苏省产业结构占比示意图

(数据来源:《江苏省统计年鉴》。)

2018年来,江苏省综合实力持续增强。经济总量再上新台阶,初步核算,全年实现地区生产总值92595.4亿元,比2017年增长6.7%。其中,第一产业增加值4141.7亿元,增长1.8%;第二产业增加值41248.5亿元,增长5.8%;第三产业增加值47205.2亿元,增长7.9%。全省人均地区生产总值115168元,比2017年增长6.3%。劳动生产率持续提高,平均每位从业人员创造的增加值达194759元,比2017年增加14247元。产业结构加快调整,全年三次产业增加值比例调整为4.5:44.5:51,服务业增加值占GDP比重比2017年提高0.7%。

表 4-1　　　　　　2013—2016 年江苏省行业产值占比一览表　　　　　（单位：%）

类别	2013 年	2014 年	2015 年	2016 年
制造业	42.3	40.3	39.5	38.7
批发和零售业	11.6	12.1	11.8	11.7
金融业	6	6.3	6.7	7.1
房地产业	5.9	5.8	5.7	6.3
建筑业	5.7	5.8	5.6	5.3
租赁和商务服务业	3.2	3.3	3.5	3.8
交通运输、仓储和邮政业	4.1	3.9	3.7	3.5
公共管理、社会保障和社会组织	3.1	3.2	3.3	3.2
农业	3.2	3.1	3.1	3
信息传输、软件和信息技术服务业	2	2.2	2.4	2.7
教育	2.3	2.4	2.6	2.6
住宿和餐饮业	2.3	2.2	2.2	2.2
居民服务、修理和其他服务	1	1.4	1.6	1.8
卫生和社会工作	1.2	1.4	1.5	1.5
科学研究和技术服务业	1	1.4	1.5	1.4
燃气及水生产和供应	1.4	1.3	1.3	1.1
渔业	0.9	0.9	0.9	0.9
文化、体育和娱乐业	0.6	0.7	0.8	0.8
畜牧业	0.9	0.8	0.8	0.8
水利、环境和公共设施管理业	0.5	0.6	0.7	0.7
采矿业	0.5	0.4	0.4	0.4
林业	0.1	0.2	0.1	0.1

（数据来源：《江苏省统计年鉴》。）

工业结构特征

　　江苏省轻重工业比例协调，重工业化趋势比较明显。随着经济增长与城市化进程的推进，江苏省重工业比重开始超过轻工业，重工业在江苏省工业经济中的地位显而易见。制造业是江苏工业经济发展的主体，工业支柱产业的集聚度不断提高。作为具有国际影响力的制造业基地，制造业的快速发展是推动江苏省工业经济增长的主导力量。

表 4-2　　　　　　　　　　1949—2017 年江苏省工业主要产品产量情况一览表

年份	原煤（万吨）	发电量（亿千时）	钢材（万吨）	水泥（万吨）	农用化肥（万吨）	布（亿米）	化学纤维（万吨）	汽车（辆）
1949	81.49	1.98	0.03	3.1	0.38	2.32		
1952	113.21	4.1	0.19	36.9	1.32	6.1		
1957	193.11	7.08	0.27	80.7	3.63	6.97		
1962	462.7	15.43	6.19	58.6	10.09	3.2		452
1965	485.66	25.78	18.48	103	20.25	6.76	0.54	2350
1970	699.17	49.96	18.36	163.12	28.21	9.6	0.52	7472
1975	1143.75	81.8	44.09	274.16	41.82	11.68	0.88	13932
1978	1707.02	126.42	60.31	444.1	72.18	14.06	2.11	15079
1980	1690	156.32	104.87	629	111.61	17.97	3.26	19624
1985	2193.85	234.48	145.18	1116.9	121.71	21.05	12.52	24474
1990	2407.79	404.47	203.01	1532.89	145.9	28.91	40.76	46291
1991	2470.55	441.2	247.76	1823.18	147.33	27.01	48.15	64045
1992	2457.76	481.15	387.51	2275.59	144.63	29.04	55.09	101009
1993	2505.53	536.84	466.02	2660.5	133.69	30.19	66.18	124334
1994	2503.44	631.9	674.19	3087.38	153.09	32.71	78.09	129957
1995	2650.72	700.41	787.89	3966.42	191.85	48.9	102.2	125197
1996	2606.52	756.87	795.58	4040.28	184.3	34.55	105.94	110157
1997	2506.01	777	856.79	4031.73	187.98	40.46	139.11	104801
1998	2378.53	754.27	933.63	3856.3	170.12	31.72	140.94	89828
1999	2291.97	787.06	1170.25	4378.32	171.27	31.76	170.06	91300
2000	2479.02	909.69	1401.83	4599.52	192.38	33.74	190.99	90636
2001	2451.14	986.64	1754.13	5135.59	187.62	32.91	219.75	97682
2002	2593.58	1116.56	2274.56	6035.29	205.02	37.28	261.22	168248
2003	2760.4	1277.88	2876.8	7225.14	190.9	37.61	303.76	212566
2004	2747.03	1539.49	3749.91	7993.22	227.22	42.74	377.81	243750
2005	2817.56	1789.53	4328.32	9579.15	284.63	53.97	458.49	305726
2006	3047.53	2216.4	5816.26	10880.77	254.66	64.95	665.14	274820
2007	2480.2	2674.43	7276.33	11787.42	259.93	64.2	803.35	269387
2008	2428.09	2776.85	7364.13	12683.21	255.83	74.55	790.67	330257
2009	2397.44	2928.21	7859.69	14434.14	317.34	78.97	894.5	506188
2010	2122.48	3358.98	9122.95	15647.46	241.96	88.46	1027.19	728700

年份	原煤（万吨）	发电量（亿千时）	钢材（万吨）	水泥（万吨）	农用化肥（万吨）	布（亿米）	化学纤维（万吨）	汽车（辆）
2011	2100.27	3755.63	9994.01	14899.69	243.7	67.73	1123.8	803758
2012	2104.16	3928.35	10989.18	16777.87	267.15	80.34	1274.95	886959
2013	2011.18	4288.91	13038.96	18646.4	260.21	101.28	1372.89	1117137
2014	2019.2	4347.07	13255.21	19439.06	230.7	91.26	1312.17	1257161
2015	1918.9	4351.78	13560.81	18013.66	203.76	95.68	1430.62	1217487
2016	1367.91	4667.73	13469.72	17989.78	207.17	91.46	1458.19	1448947
2017	1278.47	4812.5	12295.44	17330.2	159.76	76.99	1425.33	1255244

（数据来源：《江苏省统计年鉴》。）

二、江苏省绿色产业发展存在的问题

绿色产业是绿色增长背景下经济发展的必然要求。经济合作与发展组织指出，绿色增长旨在在追求经济增长和发展的同时，防止环境恶化、生物多样性丧失和自然资源不可持续利用，它旨在使利用更清洁的增长来源的机会最大化，从而实现更环保的可持续增长模式。

绿色产业发展的理念尚未完全形成。江苏经济尚在全国处于前列，但是受到经济发展阶段的制约，绿色发展的理念并未深入人心。各级地方政府部门重发展、轻保护的问题仍较突出，绿色转型进展缓慢；部分企业绿色价值和理念缺失，环保责任意识不强，特别是一些技术含量低、盈利水平不高的劳动密集型低端企业，不愿引入先进的绿色技术，产品难以达到公众绿色发展的要求；公众对于绿色产品有迫切的需求，但是当需要为绿色产品支付更多价格时却又止步不前，说明公众并没有从深层次意识到绿色产品的重要性，更没有达到价值观形成生态伦理文化的深度，这也在一定程度上影响了绿色产业的发展。

绿色产业龙头企业和高端品牌产品缺乏。江苏省节能环保产业 2012 主营业务收入 4690.5 亿元，近三年年均增长 29.2%，产业规模位居全国第一，南京、无锡、苏州、常州、宜兴、盐城"五区一园"的格局已经形成，部分产品竞争力较强。但仍存在龙头企业偏少，缺少集研发、设计、工程总承包、设备制造、运营服务于一体的大型企业集团；关键技术与装备缺乏自主知识产权；节能环保服务业发展滞后等问题。

绿色技术自主创新能力不足。绿色技术相关的发明专利多集中在外围技术、外观设计方面，核心技术专利数量偏少，绿色产业发展的关键领域目前仍以技术引进为主，关键核心技术和集成性技术缺乏。绿色产业技术自主创新能力薄弱的根本原因是绿色科技创新基础能力建设滞后，技术平台缺失，部分重点实验室的基础研究能力有待提升。绿色科技创新急需的高端人才尤其是领军型人才的严重缺乏成为制约绿色产业发展的关键因素。

绿色产业发展的体制机制有待理顺。江苏省绿色产业发展的统计体系和考核评价机制尚未真正建立，干部考核体系仍然以经济业绩为核心，绿色发展和节能减排指标缺乏硬性约束。推进绿色产业发展的市场机制尚不完善，碳排放权、排污权、水权交易市场有待于进一步活跃，由政府、企业和社会资本共同参与的多元化产业投融资机制不健全，这些都不利于有实力的企业进入绿色产业。

法律法规与政策执行能力有待加强。现有的法律法规与政策体系还不完善，不能完全满足江苏省实施绿色产业发展的战略要求。同时，法律法规和政策执行不到位的现象仍然存在，政策执行过程烦琐，例如补贴政策实施滞后，影响了企业进入绿色产业的积极性，导致好的政策难以落到实处。

三、江苏省农业绿色发展方向与路径

（一）三大产业绿色发展方向

江苏省绿色产业的发展应走政府为主导、企业为主体、社会公众积极参与的道路。在绿色产业发展的初期，政府部门应采用行业规划、补贴激励、惩罚规制相互结合的措施积极引导和诱导产业的兴起。当绿色产业发展到一定阶段，企业已经具备较强创新能力和经济实力时，政府部门应退出扶持，更多地由市场机制决定产业发展的方向，实现绿色产业的良性循环。

政府部门统筹协调合理设定环境规制强度，灵活运用规制手段。实施税收优惠政策。在政策制定过程中，应适当加大产品政策优惠，因为产品政策优惠不仅关系企业，同时关系到消费者的切身利益。建立绿色金融系统。首先，应加强绿色信贷力度，在现存的"红黑"评级机制中，融入绿色理念与绿色 R&D 投入和产出指标，对积极进行绿色转变的企业进行信贷支持。其次，拓宽绿色融资渠道，对优秀绿色科技企业建立贷款绿色通道，扩大信用贷款和保险贷款，并给予贴息和保险费补贴，建立统一高效的科技投融资平台，开展科技银行试点。

企业应加大自主创新力度，提高绿色产业竞争力。首先，要加强绿色技术创新体系建设及产业开发，建设绿色创新体系，其关键是掌握核心技术、构建相应平台与合理运用商业开发模式。其次，绿色农业应该加强生态理念创新，重点促进传统林牧业的发展，以此为基础带动第三产业绿色旅游业的发展，与此同时应加强农村清洁能源推广运用，解决污染问题。最后，节能环保产业应向高附加值的装备制造方面发展，提高资源循环利用效率，推进政企合作，依托东大、南大等高校，形成技术研发中心，在技术引进的同时加强对自主创新能力的培养。

鼓励消费者积极参与，创造绿色消费市场。鼓励企业建立绿色标签。在初期，政府可以对企业进行价格补贴，使绿色产品快速渗入市场。加大绿色物流支撑。对连云港、南京、镇江、苏州、江阴等港口，加强功能性建设，使港口成为绿色产业集聚和绿色产品流通的关键地域坐标。全面落实自主创新产品政府采购政策。将列入国家战略性新兴产业发展规划的新型替代产品、新产品与服务纳入各级政府采购目录，鼓励政府机关、事业单位购买新型替代产品、新产品与服务，在采购定编和资金方面优先安排，优先支持省重点扶持企业的新产品和服务。

以科技创新为突破点，提高农业生产能力。科学技术是第一生产力，农业领域的科技创新是提高农业生产能力的一大法宝。政府应鼓励和支持农业技术的相关研究，对农业类高等院校的技术研究进行资金投入，重视培养农业领域高等人才。

健全农业监督与管理体系，保障农产品食品安全。无论是第一产业的污染问题还是食品安全问题，都与政府的监督和管理密不可分。政府在农业监管环节的薄弱会表现出重大的消极影响。第一产业对环境的影响具有滞后性的特征，需要较长时间才能表现出负面性。偏远地区可能成为政府与市场监管的盲区，必须加强在思想和行动上的双重监管，力争从源头杜绝违法违纪行为。

实现与新兴产业的融合发展，促进第二产业转型升级。高耗能产业主要集中在有色金属加工、电力生产和供应、钢铁和水泥等加工行业上。摘掉高耗能的帽子有赖于使用能源的改变。大力提倡使用可替代能源和清洁能源，降低过高能耗的排放。降低清洁能源价格水平，降低煤电交易成本，理顺煤电价格。增强自主创新能力，实现与新兴产业的融合发展。

增强劳动力的吸纳能力，创造更多就业岗位。江苏省作为劳动力输入大省，吸引了国内大量的劳动力，而这一劳动力群体集中在苏南地区。从空间发展上看，第三产业吸纳劳动力的能力不够充分，在将来可提供更多的就业岗位。而苏南苏北的差异也将导致苏北人口向苏南地区转移。

缩小地区收入差距。减少产业发展差异有利于减小江苏省居民收入差距，政府的政策重点应放在解决加快经济转型、发展创新型农业、加大惠农力度等方面。收入差距扩大会约束生活方面的服务业发展，约束第三产业的发展状况。江苏省内面临着突出的南北发展不平衡状况，导致居民收入不断扩大，边际消费递减，影响了第三产业的绿色增长。

（二）农业绿色发展路径

1.落实农业功能区和生产力布局制度

大力实施国家主体功能区战略，加快划定粮食生产功能区、重要农产品生产保护区。进一步提高优质粮食比重，全省水稻面积稳定在3300万亩左右，加大优良食味稻米品种选育推广力度，加强优质专用小麦基地建设，积极发展特粮特经作物，重点打造一批优质稻米产业化链式开发示范基地和粮食产业园区。巩固提升淮北设施蔬菜、沿海出口加工蔬菜、丘陵山区和黄河故道特色果茶，发展城郊叶菜、环湖里下河水生蔬菜以及花卉苗木、工厂化食用菌等特色板块。按照"种养结合、畜地平衡"的原则，合理确定土地承畜量。太湖、淮河、通榆河等重要水体周边和苏中水网密集地区严格控制养殖总量；粮食主产区、丘陵地区、东部沿海适度拓展畜禽养殖空间；苏南地区稳定畜牧业发展。

2. 完善农业资源环境管控制度

强化耕地、林地、渔业水域、湿地等用途管控，严控围湖造田、围占湿地、占用林地等不合理开发建设对资源环境的破坏。严格落实耕地管控性保护，着力加强耕地建设性保护，完善耕地激励性保护。对永久基本农田实行严格管理、特殊保护。以县为单位，针对农业资源与生态环境突出问题，因地制宜探索制定禁止和限制发展产业目录，明确农业发展方向和开发强度，强化准入管理和底线约束，分类推进重点地区资源保护和严重污染地区治理。

3. 推行绿色低碳循环生产方式

加大农业绿色生产技术推广力度，鼓励支持"三品一标"农产品基地建设。开展省级畜牧生态健康养殖、农业农村部畜禽标准化养殖、畜牧业绿色发展示范县创建，积极推广生态健康养殖新技术。制定实施动物疫病净化计划，推动动物疫病防控从有效控制到逐步净化消灭转变，完善动物防疫条件审查制度，加快推进动物防疫支持政策调整。大力推进生猪屠宰标准化建设，有序推进牛羊家禽"集中屠宰、规范管理、集中检疫"试点工作。全面落实各级渔业养殖规划，加快标准化池塘建设，大力发展特色水产养殖，促进渔业标准化生产。合理确定湖泊、水库、滩涂、近岸海域等禁养区、限养区、可养区，逐步减少河流湖库、近岸海域投饵网箱养殖，促进养殖尾水达标排放，推进渔业生产绿色转型。扩大省级现代生态循环农业示范县试点，开展畜禽粪污资源化利用整县推进试点工作，促进种养有机结合、农牧循环发展。

4. 建立经济薄弱地区农业绿色开发机制

坚持环保优先，根据经济薄弱地区资源禀赋，因地制宜选择特色产业，推进产业精准扶贫。以特色田园乡村、农业特色小镇等为载体，依托农业资源和农村景观，推行绿色发展方式，发展绿色有机特色农业，推进一、二、三产业融合发展，多层次开发农业生产生态生活功能，把经济薄弱地区生态环境优势转化为经济优势，促进低收入农户增收致富。

5. 建立耕地养护制度

坚持用地与养地相结合，率先在耕地利用强度大、生产负荷重的地方和生态保护重点区域，积极推广轮作休耕技术和模式，因地制宜采取保护性耕作措施。加强土壤改良、地力培肥、控污修复，提升耕地质量。以实施国家新增千亿斤粮食产能规划、农业综合开发、土地整治以及灌区节水改造项目等为抓手，突出改善农业生产条件和强化环境保护功能，整体推进高标准农田建设。到 2020 年，建成高标准农田 4275 万亩。

6. 建立节约高效农业用水制度

到 2020 年，力争在全国率先完成农业水价综合改革，完善农业灌溉用水总量控制和定额管理制度，建立农业用水精准补贴机制和节水奖励机制。强化农田节水基础设施建设，坚持工程措施与农艺措施相结合、农田水分与养分相耦合，积极探索水果蔬菜喷灌滴灌、粮食管道灌溉为主的高效节水灌溉模式。扩大水肥一体化技术应用，提升农田水分生产率和肥料利用率。

7. 健全农业物种资源保护与利用体系

开展农业野生植物资源调查和抢救性收集，科学设置农业野生植物原生境保护区（点）。建立完善重要农业野生植物资源保护和合理开发利用机制。加强野生动植物自然保护区建设，推进极小种群珍稀濒危野生植物资源原生境保护。开展濒危野生动植物物种调查监测和专项救护。建立畜禽种质资源持续保护与合理利用机制，加强畜禽遗传资源保种场保护区和基因库建设，开展濒危畜禽种质资源的抢救性保护。开展水生生物资源与水生野生动物资源普查，建设水生动物种质资源库。强化水产种质资源保护区建设和管理工作。实施长江珍稀特有水生生物拯救工程。建立外来入侵生物综合防控示范区，构建外来入侵物种持续治理和综合利用机制。

8. 建立工业和城镇污染向农业转移防控机制

制定农田污染控制标准，建立监测体系，严格工业和城镇污染物处理和达标排放，依法禁止未经处理达标的工业和城镇污染物进入农田、养殖水域等农业区域。强化经常性执法监管制度建设。出台耕地土壤污染治理及效果评价标准，开展污染耕地分类治理。

9. 健全农业投入品减量使用制度

建立完善科学施肥管理和技术体系，推进精准施肥，调整品种使用结构，改进施肥方式，实施有机肥部分替代化肥，促进化肥减量增效。采取专家挂钩指导、统配统供统施专业化服务、政府购买服务等形式，并充分发挥新型农业经营主体的示范带头作用，强化指导服务，大力推广先进适用施肥技术。

扎实开展农药使用零增长行动。完善农作物病虫害监测预警体系。强化农药科学安全使用技术服务，指导农民适时适药适量防治病虫害。推进绿色防控示范县建设，扩大农作物病虫害绿色防控示范区建设规模。积极推广非化学防治措施，开展高效低毒低残留农药、高效植保机械双替代行动。严格管控禁限用农药的使用，加强专业化病虫害防治服务组织建设，推进病虫害统防统治。

10. 加强农业投入品安全监管

严格控制饲料中的铜、锌用量，防止超量添加。推动实施促生长兽用抗菌药逐步退出工程，开展兽用抗菌药物使用减量化示范创建活动，持续开展兽用抗菌药物专项整治活动。推动实施兽用处方药、休药期、不良反应报告等兽药安全使用制度。探索建立农业投入品电子追溯制度，严格农业投入品生产和使用管理，大力推广支持低消耗、低残留、低污染农业投入品生产。建立完善农业投入品的生产、经营、使用各环节的农产品质量安全生产技术体系。

11. 完善农田废弃物资源化利用制度

严格依法落实秸秆禁烧制度，扩大秸秆综合利用整县推进试点。加强农机农艺配套，提高秸秆机械化还田质量，支持引导多种形式的秸秆离田收储利用，加快完善秸秆收储利用体系，发展高附加值的利用产业。加快建立废旧农膜、农业投入品包装物等田间废弃物回收利用体系。积极探索尾菜、农产品加工副产物资源化利用。

12. 强化畜禽养殖污染治理

落实规模养殖环境评价准入制度，明确地方政府属地责任和规模养殖场主体责任。推动畜禽规模养殖场改造升级，改进养殖工艺设备，配套建设废弃物无害化处理和综合利用设施，推进小散养殖畜禽粪便社会化处理体系建设。坚持肥料化和能源化为主要利用方向，引导养殖场建设畜禽粪便贮存、处理、利用设施，鼓励就近就地还田，因地制宜采取种养结合、沼气利用、发酵床养殖、有机肥加工、分散收集集中处理等模式，推进养殖废弃物综合利用。加快建设覆盖全省的病死动物无害化收集处理体系，优化工艺流程，推进处理产物资源利用。

13. 加强受污染耕地利用管控

组织开展全省耕地污染详查，建立产地环境质量档案，开展污染分级与监测管理。加强农产品产地土壤重金属污染防治技术攻关，开展综合防治示范试点，推进污染耕地分类治理。积极稳妥推进农产品禁止生产区域划定工作。

14. 构建田园生态系统

遵循生态系统整体性、生物多样性规律，合理确定种养规模，建设完善生物缓冲带、防护林网、灌溉渠系等田间基础设施，修复田间生物群落和生态链。优化乡村生产、生活功能区布局，打造种养结合、生态循环、环境优美的田园生态系统。合理安排农业绿色发展用地，对符合土地利用总体规划和年度计划的重点生产、生活公共基础设施等急需的基础工程建设用地，优先予以保障。加强生态公益林保护管理，省级生态公益林地确需调整的，严格按规定报省政府审批。落实好省级以上公益林保护等级，完善落界成图。突出生态红线范围内重点公益林保护，严格控制公益林林地占用和林木采伐。

15. 建立水生生态保护修复制度

科学划定江河湖海限捕、禁捕水域，严格实施海洋伏季休渔和长江、淮河、大中型湖泊等重点水域禁渔期制度，推动实现长江流域水生生物保护区全面禁捕，严厉打击"绝户网"等非法捕捞行为。实施海洋渔业资源总量管理制度，建立幼鱼资源保护机制，开展捕捞限额试点，推进海洋牧场和人工鱼礁建设。加大江河湖海的增殖放流力度。推进江、河、湖水系自然连通，持续实施农村河道疏浚整治，"十三五"期间每年疏浚农村河道土方25亿立方米以上。全面落实农村河道"河长制"，大力推广"五位一体"农村河道管护模式。到2020年，全省建成200个"水美乡镇"、2000个"水美村庄"、75条省级生态清洁型小流域，每年治理水土流失面积不少于200平方千米。

16. 创新林业和湿地养护制度

进一步落实各级政府保护和发展森林资源目标责任制，加强农田林网和绿美乡村建设，改善农业生产条件和农村生态环境；加强沿水绿化、沿路绿化带建设，推动丘陵岗地森林植被恢复和质量提升。加快湿地自然保护区、湿地公园、湿地保护小区等建设，强化重要湿地保护。开展退化湿地生态修复。

实行湿地面积总量管控，确保 4230 万亩湿地面积不减少、生态功能有提升。

17. 构建支撑农业绿色发展的科技创新体系。

完善产学研协同创新机制，发挥农业产业技术创新战略联盟作用，鼓励高校院所和农业企业围绕"十三五"农业重大科技需求，突出农业投入品减量高效利用、有害生物绿色防控、废弃物资源化利用、产地环境修复和农产品绿色生产加工贮藏等关键技术，开展联合攻关，尽快形成一批重大原创性成果。提升国家和省级农业科技园区建设水平，加快先进适用技术示范应用。加强农业绿色发展国际科技合作交流，引进吸收先进的农业绿色发展科技成果。

18. 健全农业生态补贴制度

完善与耕地地力提升和责任落实相挂钩的耕地地力保护补贴机制。贯彻落实国务院调整国内渔业捕捞和养殖业油价补贴政策，支持捕捞渔民减船转产、渔船改造、人工鱼礁建设等。健全生态公益林补偿制度和湿地生态补偿制度。支持病虫害防治专业服务组织发展。完善高效低毒低残留农药、商品有机肥、有机无机复混肥以及高效植保、施肥机械的推广补贴机制。建立与利用量相挂钩的财政补贴机制，引导社会资本投入农业废弃物资源化利用。支持养殖场配套建设治污设施。综合运用税收、政策性担保等激励政策，加大对农业绿色发展的信贷支持力度，完善农业保险政策，健全农业信贷担保服务网络体系。

19. 打造优质农产品标准和信用体系

精简整合强制性地方标准，优化完善推荐性地方标准，鼓励制定团体标准。加强农兽药残留检测、动植物疫病防治、农业水资源利用等地方标准的制（修）订工作，积极参与国家、国际标准制定。实施国家农业绿色品牌战略，培育一批国内乃至国际市场较强竞争力的江苏特色优质农产品品牌。加强农产品质量安全追溯体系建设，完善与市场准入相衔接的食用农产品准出制度，加强农产品质量安全认证行为规范监管，加大绿色优质农产品推介力度。

20. 建立农业资源环境生态监测预警体系。

完善提高部、省级耕地质量监测点，扩大市、县两级配套监测点规模，建立耕地质量调查评价及信息发布制度。建立健全农业面源污染监测体系。

制订林业资源监测考核办法。加强重要渔业水域生态环境监测、预警与污染防治，发布重要渔业水域生态环境状况公报。定期监测农业资源环境承载能力，构建充分体现资源稀缺和损耗程度的生产成本核算机制，研究农业生态价值统计方法。充分利用农业信息技术，构建天空地数字农业管理系统。

21. 实施绿色农业人才培养计划

把节约利用农业资源、保护产地环境、提升生态服务功能等内容纳入农业人才培养范畴，加大培养具有绿色发展理念、掌握绿色生产技术技能的农村实用人才。加快培育新型经营主体和职业农民队伍，引导其率先采用清洁生产技术，开展绿色生产。加强绿色农业科技领军人才队伍建设，培育一批省级绿色农业产业技术创新团队。

22. 加强组织领导

各级党委和政府要加强组织领导，把农业绿色发展纳入领导干部任期生态文明建设责任制内容。农业部门要发挥牵头协调作用，会同有关部门抓紧研究制定本地区的具体实施方案，明确目标任务、职责分工和具体要求，建立农业绿色发展推进机制，推动各项政策措施落地见效，重要情况及时向省委、省政府报告。

23. 建立考核奖惩制度

结合省生态文明建设目标评价考核工作，建立完善农业绿色发展评价指标，对各地农业绿色发展情况进行评价和考核，开展联合督查，推动各项政策措施落到实处。对农业绿色发展成绩显著的单位和个人，予以褒扬，对落实不力的进行问责。

24. 营造全民行动氛围

在生产领域，推行畜禽粪污资源化利用、有机肥部分替代化肥、秸秆综合利用、农膜回收、水生生物保护，以及投入品绿色生产、加工流通绿色循环、营销包装低耗低碳等绿色生产方式。在消费领域，从国民教育、新闻宣传、科学普及、思想文化等方面入手，持续开展"光盘行动"，积极引导绿色消费，推动形成厉行节约、反对浪费、抵制奢侈、低碳循环等绿色生活方式。

第三节 以生态保护为导向的城镇规划策略

"十二五"期间，江苏省坚持以区域规划引导、规划体系完善、历史文化保护、空间特色塑造等为抓手，将城乡规划重心从城市向城乡统筹拓展，建立了从区域到城市、从城市到乡村、从建设用地到城乡整体空间的层次分明、互相衔接、完善配套的城乡规划体系，深入推进节约型城乡建设。建筑节能、绿色施工、市政管廊建设、城市空间复合利用等工作始终走在全国前列。着力提升城乡空间品质，建立历史文化名城、名镇、名村保护体系，全面改善乡村人居环境。江苏省城乡建设取得了较大的成效，但仍客观存在着一些问题和薄弱环节。主要是全省城镇化空间有待优化完善，进一步引导城市带、城镇轴、都市圈以及特色地区合理发展；城乡基础设施区域分布不均衡，基础设施的达标运行和安全运行还需加强；住房保障制度还需继续完善，成品住宅、老旧住宅小区综合整治和适老改造需大力推进；城市环境综合治理需要深入推进，村庄环境整治需要持续巩固；城乡特色风貌需更好地彰显，特色小镇有待加强培育；历史文化遗产保护和可持续利用需要不断完善；建筑产业现代化水平有待提升。

一、有限土地资源制约下的城乡统筹规划

组织实施《江苏省城镇体系规划（2015—2030）》，有序引导人口、产业及各类要素向城市带、城镇轴、都市圈等地区合理集聚。加强省域城镇体系规划实施情况的评估。编制沿江城市带、沿海城镇轴、徐州都市圈、苏北苏中水乡地区等重点城镇化地区、特色发展地区的区域城镇体系规划，推动区域整体联动发展。发挥南京特大城市带动作用，推动宁镇扬一体化发展。以长江两岸高铁环线和过江通道为纽带，推进沿江城市集群发展、融合发展，全面对接上海，共建全球城市区域。支持有条件的地区申报国家生态文明试验区。划定和控制城市开发边界，严格控制特大城市、大城市用地规模，合理安排中小城市用地。

积极引导城市空间由外延扩张为主向内涵提升和外延合理拓展并重转

变。配合城市产业转型升级，鼓励建设用地复合利用和功能混合布局。在产业集中区域，着重增强生活服务功能；在大型居住社区周边，积极增加相容产业，促进居住与就业平衡。加快各类开发区转型升级，有序推进产城融合，形成一批在全国乃至世界有影响力的现代产业集群。创新城市存量空间再开发政策，补齐社区服务、绿地、停车等公共设施短板，推动城市空间品质提升。健全城市地下空间开发利用和管理制度，统筹考虑人防设施、地铁建设、综合管廊、停车管理和地下商业设施发展，充分发挥地下空间在拓展发展空间、缓解交通拥堵、保障基础设施运行等方面的作用，推动"立体城市"建设。

二、空间管控下的特色空间体系构建

梳理代表江苏特色认知的特色景观资源，打造省域特色风貌片；串联省域景观资源密集地区，建设省域特色景观廊道；通过"自上而下"示范引导和"自下而上"培育塑造，培育特色风貌示范区，逐步放大省域特色空间区域，形成江苏特色百景。全省形成环太湖、江南丘陵、长江丘陵、江海交汇、里下河、高邮湖、洪泽湖、黄淮生态、沿海滩涂、山海、骆马湖、微山湖12片省域重点特色风貌片，构建大运河、沿江、古黄河—淮河、沿海、宁杭、通榆运河、新通扬运河、新大陆桥8条省域重点特色景观廊道。重点培育塑造48个当代城乡魅力特色区。构建以城乡生态空间为基础、风景绿道相串联的生态网络体系，打造沿海、沿长江、黄河故道沿线、环太湖、环洪泽湖等区域风景绿道，深化完善线网布局，加快推进沿线各级、各类公共服务设施和基础设施建设。严格风景名胜资源保护，根据分级保护要求严格控制风景名胜区内建设行为。坚持科学规划、永续利用的原则，依法编制并严格实施风景名胜区规划。坚持保护优先、利用服从保护的原则，推进风景名胜区综合整治和低影响建设，按规划适度营建、修复、恢复景区景点，拓展游览空间，提升景观品质。推进制度建设，实现国家级风景名胜区地方性法规全覆盖，基本建立全省风景名胜区信息管理系统。建立全省风景名胜区管理评估制度，加强监督检查，严肃查处破坏风景名胜资源的违法违规行为，促进风景名胜区科学发展。

研究江苏"以人为本"宜居城市规划建设指南，建设"宜居、宜业、品质、便捷、安全、绿色"的现代化城市,推进生态修复和城市修补,完善城市功能,有序推动城市更新。将城市设计融入规划制定的全过程,控制城市轮廓、重要视线、特色地段、关键节点,加强对形态肌理、高度体量、建筑界面、风格色彩、环境景观等要素的控制引导。加强滨水空间、历史文化街区、特色风貌地区、城市中心等特色地区城市设计,并加强对空间格局、形态肌理、界面退让、高度体量、建筑风格、色彩材质以及绿化景观、环境设施等要素控制和引导要求的研究,将控制指标与空间形态紧密结合,落实到城市土地开发的规划条件上。加强城市设计和建筑风貌管理,适时修订城市设计导则,实现对城市空间立体性、平面协调性、风貌整体性、文脉延续性的有效规划管控。繁荣当代设计创作,注重历史文脉和传统元素的传承发展,不断提高城市设计、建筑设计、园林设计水平,推进地域建筑特色研究。

推进城市空间特色规划全省市县全覆盖,处理好传统与现代、继承与发展的关系。建设城市特色精品空间,挖掘、彰显、整合、串联城市各类自然、人文和当代建造等特色资源,构建让居民"看得见山、望得见水、记得住乡愁"的城市特色空间体系。选择在产业发展、历史文化、自然资源、空间景观等方面具有特色培育潜力的小城镇,突出特色化发展导向,着力保护文化遗存、传统街巷等特色资源,塑造彰显城镇特色风貌和景观,形成一批产业、文化、旅游、风貌特征鲜明并多元发展的"特色小镇"。

强化自然山水、风景名胜与城市布局形态的有机融合,与城市文化的有机衔接。尊重自然山水脉络,构建生态廊道,将自然系统引入城市,塑造特色滨水空间、特色环山空间。推进实施节约生态型园林绿化,开展城市山体、水体及废弃地生态修复,强化城市湿地及生物多样性保护。优化公园绿地布局,建成一批高品质的综合性、专类、郊野、湿地公园,公园绿地均衡性和可进入性显著提升,城市型、郊野型、滨水型、山地型绿道建设全面推进,构建生态优良、功能显著、惠民便民的城市绿色开放空间体系。

三、打造与自然和谐共处的城乡格局

充分发挥河湖水系、自然山体、生态湿地、园林绿地系统调蓄净化雨水功能,建设自然积存、自然渗透、自然净化的海绵城市。大幅度减少城市硬质铺装，推广透水技术，因地制宜建设植草沟、下凹式绿地、雨水花园、屋顶绿化等雨水滞留设施，建设海绵型公园、绿地、道路、广场和小区。开展海绵城市规划编制，推进"海绵城市"试点建设。统筹地下管线规划建设、管理维护和应急防灾，初步构建完善的城市地下管线体系，大力推进城市地下综合管廊建设。编制实施城市地下综合管廊专项规划，城市新区、各类园区、成片开发区域新建道路必须同步建设地下综合管廊，老城区要结合地下空间开发利用、旧城更新、地铁建设、河道治理、道路改扩建等，推进地下综合管廊建设。进行燃气老旧管网改造，增强调峰能力，拓展天然气供应范围，提高管道燃气普及率。以城乡统筹区域供水和城乡生活垃圾收运体系建设为重点，加快城乡基础设施统筹建设。

推进节水型城市建设，健全城市供水安全保障体系，统筹推进水源达标建设、备用水源建设、自来水深度处理改造等措施，力争完成全省既有水厂深度处理改造，实现县以上城市应急水源全覆盖。改造城镇居民老旧住宅小区二次供水设施，确保城镇供水"最后一千米"水质安全。强化污水处理厂源头控制，构建城镇污水处理设施运行信息化监管平台，提升城镇污水处理绩效和再生水利用水平。加大城市防洪排涝设施建设力度，推进易淹易涝地区改造，提高城镇排水系统建设标准。健全城市防洪排水防涝工程体系，提升应急排涝能力。加强城市防灾避难场所建设，结合绿地系统、人防设施建设各类应急避难防灾场所。推进全省城市抗震防灾规划全覆盖，力争全省城市抗震防灾规划编制完成率达到100%，基本完成应急避难场所体系建设。建立地下管线巡护和隐患排查制度，及时处置各类安全隐患。全面清理占压燃气管线的违法建筑，保证供气安全。加强城市桥梁养护与安全管理，定期开展安全检测，全面排查隐患桥梁，尽快完成危桥加固改造。

四、新时期既有城乡面貌的再生建设

以提升城市宜居环境品质为重点，实施城市环境综合整治接续行动，保持整治重点不变、组织机制不变、支持政策不变"三个不变"，做到突出因地制宜、突出动态提升、突出长效机制"三个突出"，拓展整治范围，深化整治内容，扩大群众受益面。启动新一轮城市环境综合整治提升，优化环境薄弱区域功能品质，完善市政设施、交通设施和环卫设施配套，整治沿街界面，有序推进城市大气污染、黑臭水体、受损山体、污染土壤等方面的环境整治，打造"绿化、美化、舒适化"的高品质宜居空间。转变城市治理理念，依托数字化城市管理系统，推动多主体参与，实现政府治理和社会调节、居民自治的良性互动。以规范城市管理和行政执法行为、提升城市管理综合水平为目标，建立城市管理规范化、长效化机制。树立部门联动、综合管理的理念，整合城市管理中的服务、管理与执法相关职能，改进执法方式。积极推进城市管理向乡镇延伸，实现从"小城管"向"大城管"的转变。撤销县级市和区政府驻地镇及纳入城市建设用地范围的乡镇，改设为街道。

全面完成镇村布局规划优化工作，在规划优化过程中，要充分尊重城镇化推进和村庄演变基本规律，深入了解农民生产生活习惯和乡风民俗，保护好乡土文化和乡村风貌。引导规划发展村庄持续提升人居环境质量，建成"美丽宜居村庄"。采用靠近城镇优先接管、分散村庄推进卫生户厕改造、规模较大的规划发展村庄相对集中处理等三种模式处理农村生活污水。以农村人居环境改善和提升为触媒，推动社会资源要素向乡村的进一步流动，带动乡村业态转型、乡村人口回流，形成社区认同，促进村民自治与乡村自我营造，最终实现乡村经济、社会、文化的复兴，使村庄环境改善提升成果发挥更大的倍数效应。积极推进农村新建住宅采用节能、节水新技术、新工艺，引导农户使用新型墙体建材和环保装修材料。推进太阳能、生物质能建筑应用，提高生活垃圾处理的减量化、无害化、资源化水平。

推进历史风貌特色地区公共空间环境整治和更新，加强历史文化街区风貌整治指引。推动历史空间的合理利用，复兴街区活力，通过改造基础设施、完善配套公共服务设施，提升居住品质，合理引导原住民回迁，扶持原住民就地创业就业。在城市更新改造中，要切实保护历史资源的真实性，保持延续传统肌理和空间尺度，不随意拓宽传统街巷，保护好历史文化街区、历史地段和各类不可移动文物、历史建筑和历史环境要素。纳入地方历史地名保护名录的街巷、建筑物等名称不得更名。保护非物质文化遗产，传承传统建造技艺，促进当代创新利用。活化利用历史建筑，支持开展与保护相适应的特色经营活动，鼓励各地选择试点，推行功能置换、兼容使用、减免费用等鼓励性措施和办法。

五、新型城乡绿色智慧家园建设

积极贯彻《江苏省绿色建筑发展条例》，新建民用建筑全面达到绿色建筑标准。推进绿色建筑运行评价标识，完善绿色建筑评价标识管理办法，加大对绿色建筑运行标识项目的扶持力度。完善绿色建筑技术规范和标准体系，制定覆盖不同建筑类型，贯穿规划、设计、建造、运营、改造、拆除等全寿命周期的绿色建筑标准体系。实施建筑能效提升工程，引入市场机制和社会力量，推进合同能源管理，对既有建筑和城市照明实施绿色化改造。研究出台建筑能耗定额标准，实行建筑能耗总量控制，推进建筑能耗限额管理试点，重点在公共建筑中推进建筑能耗限额管理。实施既有公共建筑节能改造，鼓励有条件的办公建筑和大型公共建筑按照绿色建筑标准实施改造。鼓励开展适老社区改造，提升老旧住宅小区的绿色宜居性能。有序推进既有居住建筑节能改造试点，结合老旧小区出新和环境综合整治，同步推动节能改造。鼓励农村地区结合危旧房改造，提高农村房屋的节能性能。

建设省级绿色建筑示范市（县、区）、绿色建筑和生态城区区域集成示范、建筑节能和绿色建筑示范区、既有建筑节能改造示范市（县、区）、国家可再生能源建筑应用示范市县。制定绿色生态城区规划建设标准，同步推进绿色建筑、绿色交通、绿色照明、海绵城市、地下空间复合利用、垃圾资源化利用等节约型城乡建设的集中集成示范。加强省级建筑节能和绿色建筑示范区信息管理平台建设。"十三五"期间，生态城区内二星级及以上绿色建筑比例超过60%，获得绿色建筑运营标识的项目比例超过30%。推进绿色生态城区由浅绿向深绿发展，完善从规划设计阶段、建设阶段、运营阶段到评估阶段的全过程闭合管理机制。

积极推进国家智慧城市试点示范，建成一批高效使用的智慧城市。加强城市管理和服务体系智能化建设，利用互联网、物联网、大数据等技术，整合人口、交通、能源、建设等公共信息资源，拓展智慧城管业务应用范围，增强服务民生的能力。提升基于网络的智能化医疗、教育、交通、养老等公共服务。整合共享各类信息基础设施和资源，搭建智慧城镇公共信息平台，建立具备数据采集、数据治理、数据汇聚、数据存储管理、数据接口与服务等功能的城市公共信息平台；推动建设智能化运行管控中心，对接国土资源、环保、水利、交通运输、公安、人力资源社会保障等部门的智能化信息平台，实现城镇公用设施管理信息集中接入、城镇关键系统运行状态自动感知和重大突发事件智能应急处理。

集成全省多源、多尺度、多时态的空间数据，实现跨专业、跨平台空间信息的整合与共享。推进"省、市、县联动"的城乡规划管理信息系统建设，强化省级城乡规划信息系统与市、县城乡规划信息系统对接，重点研究省、市、县三级数据共享联动机制，开发省、市、县三级数据交换共享平台，建设省级数据资源体系和省级城乡规划分析系统，推动建设城市地下管线信息平台，逐步实现全省规划管理信息系统全覆盖。

构建涵盖供水、排水、燃气、市容、环卫、绿化、园林等方面的智能化城市管理综合平台。整合各类服务热线，完善数字化城市管理系统平台建设，实现城市管理与相关服务热线相互衔接。促进行政权力网上公开透明运行，实现所有行政权力事项"全流程、全业务、全覆盖"的实时监察。强化环境监测、交通运行、供水供气供电、防洪排涝、生命线保障等城市运行数据管理运用，提高城市管理智能化程度。推行城乡建设抗震防灾管理信息智慧便民服务应用。

六、强化政府组织领导与管控能力

省住房和城乡建设厅等省有关部门负责《江苏省"十三五"美丽宜居城乡建设规划》（以下简称《规划》）落实的统筹协调和督促检查，各地要围绕《规划》确定总体思路和主要任务，加强组织、认真谋划、明确目标、落实措施、扎实推进。加强协作联动。各级政府和部门要强化责任、勇于担当、狠抓落实；各有关部门要各司其职、加强协调、密切配合；广泛动员社会各方面积极支持、主动参与、形成合力。统筹推进时序。合理安排重大基础设施和公共服务设施项目的建设时序，按照"急事先行"的原则，合理配置资源，突出建设重点，优化空间布局，统筹落实好项目和资金。

积极构建有利于全面促进江苏美丽宜居城乡建设的制度体系，细化完善

《规划》中十大重点工作任务的配套政策措施，形成统筹推进的政策合力和叠加效应。健全完善建设产业发展政策体系，针对建筑业、房地产业、市政公用业和勘察设计咨询业，制定差异化的布局规划、管理办法、奖励鼓励等产业发展政策，加快产业转型升级。围绕美丽宜居的目标要求，加大对十大重点工作任务的资金支持。一是省级专项引导资金向重大工程建设项目倾斜；二是探索建立以财政资金为引导，社会资本参与的多种投融资模式；三是加强与金融机构的合作，拓宽融资渠道。各市、县（市）要根据实际情况做好资金的统筹调度，与省级财政资金形成合力，推动美丽宜居城乡建设。

围绕重点工作任务，按照"试点先行、以点带面、总结经验、稳步推进"的原则，率先在部分积极性高、工作基础好的地市进行项目、政策试点探索，实现重点突破，为面上推广积累经验、发挥示范作用。积极开展文化保护传承、基础设施投融资、城镇长效管理、建设投融资体制方面研究，鼓励地方进行体制机制创新实践，并及时总结经验，为出台相关的技术指引和规范性文件打好基础。

明确重点行动的目标任务和时序进度，加大督促检查、评价考核力度。各地要明确相应的目标管理要求，分解本规划确定的发展目标、主要任务，明确牵头单位和工作责任，加强绩效考核力度，纳入科学发展评价和实绩考核，层层落实目标管理责任制。完善规划评估体系。组织编制美丽宜居城乡建设规划年度实施评估报告。建立健全年度评估、中期评估与总结评估相衔接、定量评估与定性评估相配套、部门自我评估与第三方评估相结合的规划评估体系，提高规划评估的客观公正性。

第四节　促进绿色可持续发展的政策措施

为贯彻落实《国务院关于加快建立健全绿色低碳循环发展经济体系的指导意见》，建立健全江苏省绿色低碳循环发展的经济体系，促进经济社会发展全面绿色转型，结合江苏省实际，省政府提出如下实施意见。

一、实现绿色可持续发展的总体要求

（一）指导思想

以习近平新时代中国特色社会主义思想为指导，深入贯彻党的十九大和十九届历次全会精神，全面贯彻习近平生态文明思想和习近平总书记对江苏工作重要指示精神，深刻领悟"两个确立"的决定性意义和实践要求，增强"四个意识"、坚定"四个自信"、做到"两个维护"，坚定不移立足新发展阶段、贯彻新发展理念、构建新发展格局，以碳达峰碳中和目标为引领，坚持统筹协调、创新引领、重点突破、市场导向，统筹推进高质量发展和高水平保护，全方位全过程推行绿色规划、绿色设计、绿色投资、绿色建设、绿色生产、绿色流通、绿色生活、绿色消费、绿色金融，建立健全绿色低碳循环发展经济体系，全面提升能源资源利用效率和产出效益，加快形成减污降碳的激励约束机制，为扛起"争当表率、争做示范、走在前列"光荣使命、谱写"强富美高"新江苏现代化建设新篇章提供有力支撑。

（二）主要目标

到 2025 年，产业结构、能源结构、交通运输结构、用地结构明显优化，绿色产业比重显著提升，基础设施绿色化达到新水平，生产生活方式绿色转型成效明显，市场导向的绿色技术创新体系更加完善，法规政策体系更加有效，绿色低碳循环发展的生产体系、流通体系、消费体系初步形成。单位地区生产总值能耗、单位地区生产总值二氧化碳排放、非化石能源消费比重完成国家下达目标任务，万元地区生产总值用水量降低 16% 以上，地表水国考断面水质优Ⅲ比例达到90% 以上，优良天数比率达到82% 以上。到2035年，绿色发展内生动力显著增强，绿色产业规模迈上新台阶，主要行业和产品能源资源利用效率达到国际先进水平，绿色生产生活方式广泛形成，碳排放达峰后稳中有降，生态环境根本好转，美丽江苏建设目标基本实现。

二、健全绿色低碳循环发展的生产体系

（一）推进工业绿色升级

加快实施重点行业绿色化改造，着力推进钢铁、石化、焦化、水泥等行

业超低排放改造、深度治理和工业窑炉等重点设施废气治理升级。加快建设绿色制造体系，打造一批具有示范带动作用的绿色产品、绿色工厂、绿色园区。全面推行清洁生产，依法在重点行业实施强制性清洁生产审核，引导其他行业自觉自愿开展审核，健全"散乱污"企业监管长效机制。大力发展再制造产业，着力建设再制造产业基地，加强再制造产品认证与推广应用。建设资源综合利用基地，促进工业固体废物综合利用。加快实施排污许可制度。加强工业生产过程中危险废物管理，提升危险废物环境监管、利用处置和风险防范能力。

（二）加快农业绿色发展

加快推进生态循环农业建设，推广农牧（渔）种养结合生态循环发展模式，开展省绿色优质农产品基地建设，加强绿色食品、有机农产品认证和管理。发展林业循环经济，推进林木种苗和林下经济高质量发展。推进水稻、蔬菜绿色高质高效创建，开展实施农田排灌系统循环生态化改造试点。推进农作物秸秆综合利用，促进畜禽粪污资源化利用，示范推广全生物降解地膜及一膜多用等地膜减量替代技术。推进化肥农药减量增效，建设有机肥替代化肥示范区（片）。到2025年，农作物秸秆综合利用率稳定达到95%以上，畜禽粪污综合利用率达到95%，重点区域化肥农药施用量实现负增长。推进农业节水，推广水肥一体化、浅水勤灌等灌溉模式。实施耕地质量保护提升行动，开展耕地土壤酸化治理。落实养殖水域滩涂规划，推广水产生态健康养殖技术，推进养殖尾水达标排放或循环利用。完善相关水域禁渔管理制度，严格落实长江"十年禁渔"。加快一二三产业融合发展，促进农业向生态、生活功能拓展。

（三）提高服务业绿色发展水平

促进商贸企业绿色升级，培育一批绿色商贸流通主体，实现物流供应链的绿色低碳发展。有序发展出行、住宿等领域共享经济，打响"水韵江苏""绿美江苏"生态旅游品牌。规范发展闲置物品交易，鼓励在线交易。加快信息服务业绿色转型，引导数据中心集约化、规模化、绿色化发展。促进会展业绿色发展，推动办展设施循环使用。严格执行装修装饰涉挥发性有机物原辅材料含量限值标准。倡导酒店、餐饮等行业不主动提供一次性用品。

（四）培育壮大绿色低碳产业

大力培育节能环保、资源循环利用、清洁能源等绿色低碳产业，积极发展新一代信息技术、新材料、新能源汽车等战略性新兴产业，增强绿色经济新动能，打造自主可控、安全高效的绿色产业链供应链。大力提升绿色环保产业发展水平，建设一批绿色环保产业基地，打造一批大型绿色环保领军企业，培育"专精特新"中小企业。前瞻布局虚拟现实、增材制造、量子通信、氢能、固态电池等未来绿色产业。探索发展面向碳中和的二氧化碳低成本捕集、生物转化、液化驱油、矿物封存、有机化学品和燃料制造、高值无机化学品生产等零碳负碳技术产业。推广合同能源管理、合同节水管理、环境污染第三方治理和生态环境导向的开发模式，促进节能节水服务向咨询、管理、投融资等多领域、全周期的综合服务延伸拓展。到 2025 年，高新技术产业产值占规模以上工业产值比重提高到 48.5% 以上，节能环保产业主营业务收入达到 10000 亿元。

（五）提升产业园区和产业集群循环化水平

科学编制实施产业园区开发建设规划，加强环评和能评工作，严格准入标准，完善循环产业链条。深入实施循环化改造，推动企业循环式生产、产业循环式组合，促进资源高效利用、能源梯级利用、废弃物综合利用和污染物集中安全处置。加强与周边城区现代基础设施联通和公共服务设施共享，鼓励建设电、热、冷、气等多种能源协同互济的综合能源项目。围绕建设美丽园区、提高绿色产业发展水平、推进能源管理智慧化发展、推动绿色循环化发展、提升资源利用效率、优化节能审查机制、创新污染治理等方面开展综合试点示范，建设一批国家级绿色产业示范基地和省级绿色低碳循环发展示范区。

（六）构建绿色供应链

引导企业开展绿色设计、选择绿色材料、实施绿色采购、打造绿色制造工艺、推行绿色包装、组织绿色运输、做好废弃产品回收处理，实现产品全生命周期的绿色环保。选择代表性强、行业影响力大、经营实力雄厚、管理水平高的龙头企业，创建一批国家级绿色供应链管理企业，并择优争创国家绿色供应链试点。鼓励行业组织通过制定规范、咨询服务、行业自律等方式提高行业和企业供应链绿色化水平。

三、健全绿色低碳循环发展的流通体系

（一）打造绿色物流

积极调整交通运输结构，推进大宗货物和中长途货物运输向铁路和水路转移，发展多式联运，加快铁路专用线建设。加强物流运输组织管理，加快相关公共信息平台建设和信息共享，发展甩挂运输、共同配送。推广绿色低碳运输工具，淘汰更新或改造老旧车船，加快新能源或清洁能源汽车在城市物流配送、邮政快递、铁路货场、港口和机场服务等领域应用。推进船舶专业化、标准化，推广应用电动船舶，减少船舶废气、含油污水、生活垃圾的排放。加快港口岸电设施建设。支持物流企业构建数字化运营平台，推进智慧物流发展，加快传统物流业智慧化改造。整合末端物流配送资源，优化城市配送三级节点体系。到2025年创建2—3个全国城市绿色货运配送示范工程项目。

（二）加强再生资源回收利用

建立分类别、广覆盖、易回收的再生资源回收利用体系，推进垃圾分类回收与再生资源回收体系融合，支持建设再生资源分拣中心和交易中心，鼓励有条件的城市争创国家废旧物资循环利用体系建设示范。深入落实生产者责任延伸制度，引导生产企业建立逆向物流回收体系。推广典型回收模式和经验做法，打造龙头企业，提升行业整体竞争力。加强资源循环利用基地、大宗固体废弃物综合利用基地、循环经济产业园等基地或园区建设，促进再生资源回收利用行业集约集聚发展。

（三）促进绿色技术与经贸合作

加强与国际知名标准化科研机构合作，积极参与相关国际标准制定，引导有条件的企业采取国际先进标准生产，开展节能低碳等绿色产品认证，主动应对国际碳边境调节机制。强化境外合作项目环境可持续性，加强与"一带一路"国家绿色基建、绿色能源、绿色金融、节能环保等领域合作，扩大节能环保、新能源等优势领域技术装备、服务和产品出口。优化贸易结构，大力促进高质量、高效益、高附加值的绿色产品贸易。

四、健全绿色低碳循环发展的消费体系

（一）促进绿色产品消费

加大政府绿色采购力度，引导国有企事业单位逐步执行绿色采购制度。加强对民营企业和居民采购绿色产品的引导，鼓励有条件市县采取补贴、积分奖励等方式促进社会绿色消费。推动企业利用网络销售绿色产品，促进电商平台设立绿色产品销售专区。引导企业开展绿色产品和服务认证，强化认证机构信用监管。鼓励企业参加绿色电力证书交易，促进全社会绿色电力消费。严厉打击虚标绿色产品等违法行为，有关行政处罚信息纳入信用信息共享平台和企业信用信息公示系统。

（二）倡导绿色低碳生活方式

坚决制止餐饮浪费行为，全链条、多环节节粮减损。持续推进生活垃圾分类和减量化、资源化，完善生活垃圾收运处理体系。实施塑料污染全链条治理行动。推进包装绿色转型，加强过度包装治理。开展绿色生活创建行动，宣传倡导文明消费理念，引导全社会自觉践行节约适度、绿色低碳、文明健康的生活方式和消费模式，提升公交系统智能化水平，积极引导绿色出行，到 2025 年城区常住人口 100 万以上城市绿色出行比例达到 70%，85% 的县级及以上党政机关建成节约型机关。

五、加快基础设施绿色升级

（一）推进城乡环境基础设施建设升级

统筹推进城乡生活污水处理设施建设，推进污水管网全覆盖，加强污水处理厂和排水管网统筹建设和协调运行，加快建设污泥无害化资源化处置设施，到 2025 年城市生活污水集中收集率不低于 80%，城市再生水利用率达 25% 以上。统筹推进城乡固（危、医）废处理设施建设，严格执行有关经营许可管理制度，到 2025 年居民生活垃圾、餐厨废弃物、建筑垃圾、园林绿化废弃物处理设施能力基本满足处理要求，生活垃圾基本实现全量焚烧，城市生活垃圾资源化利用率达到 75% 以上。统筹推进建设水土气渣固环境监测监管体系，鼓励园区构建环境信息管理平台。开展"绿岛"建设试点，推

进相关行业企业治污设施共建共享。建设环太湖地区城乡有机废弃物处理利用示范区。

（二）提升交通基础设施绿色发展水平

将绿色低碳循环发展理念贯穿交通基础设施规划、建设、运营和维护全过程，集约利用土地等资源，依法合理避让生态保护红线，积极打造绿色公路、铁路、航道、港口和空港，深入开展京杭运河绿色现代航运示范区建设。加强新能源车充换电、加氢等设施建设，逐步形成城市充电服务网络和高速公路沿线城际快速充电服务网络。推进公交车、出租车加快更新为新能源车辆，实现区域内公共交通低排放。推广应用温拌沥青、智能通风、辅助动力替代等节能环保先进技术和产品。加大交通建设中废弃资源综合利用力度，推动废旧路面、沥青、疏浚土等材料以及建筑垃圾的资源化利用。

（三）打造宜居城乡环境

合理确定开发强度，优化城市空间布局，引导城市留白增绿。开展城市体检评估，实施城市更新行动，推进微改造、微更新，加快城市生态修复、空间修补、功能完善，提升城市空间品质与发展活力。开展美丽宜居城市建设试点，推进海绵城市建设。大力发展绿色建筑，加快推广超低能耗建筑。结合城镇老旧小区改造，推动社区基础设施绿色化。到2025年节能建筑占城镇民用建筑比重70%。推动农村人居环境整治提升，持续改善农民住房条件，扎实推进特色田园乡村高质量发展。

六、推动能源体系绿色低碳转型

（一）推动能源供给清洁低碳

大力构建新型电网保障体系，有序衔接好化石能源消费占比下降和可再生能源消费比例提高，把传统能源的逐步退出建立在新能源安全可靠的替代基础上。推进近海风电集中连片、规模化开发，打造千万千瓦级海上风电基地，统筹规划远海风电可持续发展。因地制宜多形式促进光伏系统应用，积极推进整县（市、区）屋顶分布式光伏试点。促进光伏与储能、微电网融合发展，推动光伏综合利用平价示范基地建设。因地制宜利用生物质能，探索开发利用海洋新能源。积极安全有序发展核电，积极稳妥开展核能供热示范。大力推进沿海天然气管网和沿海 LNG 接收站规划建设。积极推进四川白鹤滩水电送电江苏工程，提高现有区外送电通道利用效率。努力提高煤炭清洁高效利用水平，推动煤炭等化石能源和新能源优化组合，增强新能源消纳能力。

（二）促进能源消费节约高效

强化能耗强度约束性指标管控，适度弹性控制能耗总量，创造条件尽早实现能耗"双控"向碳排放总量和强度"双控"转变，坚持减污降碳协同增效，统筹衔接能耗强度和碳排放强度降低目标，确保按期实现"双碳"目标。严格节能审查制度，坚持新增用能项目能效水平国内领先和国际先进准入，推动能效低于基准水平的重点行业企业有序实施改造升级，坚决遏制"两高"项目盲目发展。加强工业、建筑、交通、公共机构等重点领域节能，聚焦重点用能单位节能管理，强化事中事后监管。建立健全节能管理、监察、服务"三位一体"管理体系，依法开展能源审计，大力挖掘节能潜力。

（三）建立互联互通综合能源系统

推进城乡配电网建设和智能化升级。推动风光水火储一体化和源网荷储一体化发展，积极推进以新能源为主体的新型电力系统建设。建设坚强智能绿色电网，完善提升配网规划体系、建设标准和供能质量，统筹煤、电、油、气、网、运设施能力建设，提升能源安全输送能力。推动能源流和信息流深度融合，积极推广综合能源服务，推动能源互联网建设，构建弹性互动、智能互联的智慧能源系统。

七、构建市场导向的绿色技术创新体系

（一）加大绿色低碳技术研发

加快低碳零碳负碳重大关键技术攻关突破，积极参与国家重大科技项目，重点布局绿色低碳重大科技攻关和推广应用项目，开展共性关键技术、跨行业融合性技术、前沿技术研发和成果转化，掌握一批具有自主知识产权的绿色低碳核心技术。强化绿色科技创新载体培育，建设一批绿色技术省级产业创新中心、技术创新中心、工程研究中心、企业技术中心和新型研发机构，争创绿色技术国家技术创新中心、国家企业技术中心等国家级平台。强化企业创新主体地位，支持企业整合高校、科研院所、产业园区等力量建立绿色

技术创新联合体。鼓励企业牵头或参与财政资金支持的绿色技术研发项目、市场导向明确的绿色技术创新项目。支持设立绿色技术创新人才培养基地。

（二）加快成果转化和推广应用

充分利用首台（套）重大技术装备示范应用政策，促进重大绿色科技成果市场化应用和规模化推广。充分发挥省科技成果转化专项资金以及创业投资等各类基金作用，积极争取国家相关专项资金和基金，支持绿色技术创新成果转化和推广应用。加大绿色低碳循环项目孵化力度，积极打造绿色低碳循环专业孵化器。积极参与全国绿色技术市场建设和交易，拓展完善现有技术市场服务功能，加大绿色技术需求和成果信息征集发布力度。积极组织推荐我省绿色技术纳入国家绿色技术推广名录。

八、完善法律法规政策体系

（一）加强法规制度建设

严格贯彻落实国家推动绿色低碳循环发展的各项法律法规制度，建立健全相关地方性法规制度。严格执法监督管理，依法打击违法犯罪行为，积极稳妥推进公益诉讼，加大问责力度，加强行政执法机关与监察机关、司法机关的工作衔接配合，形成行政司法合力。加强市场诚信和行业自律机制建设，完善环境守法信任保护名单制度，依法依规对严重失信主体实施失信惩戒措施。

（二）创新和完善价格机制

加快建立反映市场供求和资源稀缺程度、体现生态价值和环境损害成本的价格机制。完善污水处理收费政策，建立差别化收费机制，在已建成污水集中处理设施的地区，探索建立污水治理受益农户付费制度。建立健全生活垃圾处理收费机制，完善危险废物处置收费机制。完善节能环保电价政策，深化农业水价综合改革，完善居民阶梯电价、气价、水价制度。

（三）加大财税支持力度

加大省级财政对绿色产业发展、节能降碳、生态环境治理和资源综合利用投入力度，对绿色低碳循环发展工作成效明显的企业和地方给予奖励。综合运用财政奖励、贴息、费用补贴、风险补偿等方式，促进绿色金融体系、产品和服务快速发展。统筹安排各类环境保护类资金，积极推动环境基础设施投融资模式创新。认真落实节能减排、资源综合利用和环境保护等有关税收优惠政策，做好资源税征收，根据国家统一部署开展水资源费改税试点工作。

（四）强化绿色金融支持

探索绿色产业与绿色金融融合新模式，拓宽绿色项目融资渠道。积极发挥政府投资基金引导作用，壮大绿色低碳领域省级投资基金规模，加强省级相关基金对绿色低碳循环发展工作的支持，鼓励有条件的地方政府和社会资本按市场化原则联合设立绿色低碳类基金。积极争取政策性银行、国际金融组织等低息贷款，鼓励商业银行开发绿色金融产品，探索环境权益类质押融资贷款等绿色信贷产品。支持符合条件的绿色产业企业上市和再融资，引导金融机构法人发行绿色金融债券。加快发展绿色保险，鼓励保险机构参与环境污染风险治理体系建设，探索差别化保险费率机制。积极发展绿色担保，加大对中小企业绿色融资风险担保补偿力度。积极对接国家绿色金融专项统计制度，加大对省内金融机构绿色金融业绩评价考核力度。支持有条件的地区创建国家绿色金融改革创新试验区。

（五）建立完善绿色标准和统计监测制度

贯彻落实国家绿色标准，支持省内企事业单位主导或参与相关国际、国家和行业标准制修订。完善绿色发展地方标准，鼓励绿色制造企业制定实施企业标准，加强标准化服务能力建设。落实国家认证制度，引导企业开展节能、节水、再制造等绿色认证，培育一批专业绿色认证机构，深入推进绿色认证工作，打造一批绿色认证示范区。严格执行国家节能环保、清洁生产、清洁能源、循环经济、用水等领域统计调查制度和标准，做好统计监测。

（六）培育绿色交易市场机制

建立健全用能权、用水权、排污权等交易机制，积极参与全国碳排放权交易市场。稳妥推进水权确权，合理确定区域取用水总量，鼓励开展水权交易，强化水资源用途管制。优化排污权配置，规范主要污染物排污权有偿使用和交易。督促纳入全国碳市场交易的企业按期完成配额履约和清缴，开展碳资产管理和碳金融产品研发，建立市场风险预警与防控体系，完善区域联动机制。

九、建立健全实施保障体系

（一）加强协调促进落实

各地可结合碳达峰碳中和、绿色发展等相关领域政策文件的制定研究提出具体措施，确保主要任务和政策措施落地见效。省各有关部门要切实履行部门职责，加强督促指导，强化协调配合，形成工作合力。省发展改革委要会同有关部门强化统筹协调和督促指导，总结好经验、好做法，重大事项及时向省委、省政府报告。

（二）深化国际国内合作

抓住"一带一路"建设、长江经济带发展、长三角一体化发展等战略机遇，加强与兄弟省市协同协作，探索建立区域合作联盟。加强与海内外知名高校、企业、科研机构以及国际技术转移机构合作。引导外资投向绿色低碳发展领域，支持外商投资企业实施绿色化改造。加强绿色供应链国际合作，推动绿色贸易发展和贸易融资绿色化。

（三）营造良好氛围

充分发挥党政机关、国有企事业单位在绿色低碳循环发展中的示范表率作用。组织形式多样的宣传活动，讲好江苏绿色低碳循环发展故事，积极宣传正面典型，适时曝光负面典型，加快培育形成节约资源和保护环境的生产生活方式。健全绿色低碳循环信息公开渠道，发挥社会公众的参与和监督作用。

第五章　江苏省区域绿色发展

第一节　重点流域生态规划

一、重点流域生态环境保护政策体系

《江苏省生态保护与建设规划（2014—2020 年）》在《全国生态保护与建设规划（2013—2020 年）》的总体框架下，将全省划分为长江流域地区、太湖流域地区和淮河流域地区 3 个生态保护建设区域。依据生态功能和生态脆弱区域分布特点，结合江苏省自然地形格局和重要生态功能区分布，形成"两横两纵"生态保护与建设重点地区区域布局。"两横"是指长江和洪泽湖—淮河入海水道两条水生态廊道。长江是江苏重要的饮用水水源地，是江苏人民赖以生存和发展的母亲河；洪泽湖—淮河入海水道是连接海洋和西部丘陵湖荡屏障的重要纽带，是亚热带和暖温带物种交汇、生物多样性比较丰富的区。"两纵"是指海岸带和西部丘陵湖荡屏障。广阔的近海水域和海岸带，是江苏重要的"蓝色国土"；西部丘陵湖荡屏障，主要由骆马湖、高邮湖、邵伯湖、淮北丘岗、江淮丘陵、宁镇山地、宜溧山地等构成，是江苏大江大河的重要水源涵养区，也是全省重要的蓄滞洪区和灾害控制区，对于全省水源涵养、生态维护、减灾防灾等具有重要作用。

原环境保护部、国家发展改革委、水利部于 2017 年 11 月 7 日联合印发《重点流域水污染防治规划（2016—2020 年）》（以下简称《规划》）。作为第五期重点流域水污染防治五年专项规划，《规划》立足我国水污染防治长期历史进程，以细化落实《水污染防治行动计划》目标要求和任务措施为基本定位，以改善水环境质量为核心，坚持山水林田湖草整体保护和水资源、

水生态和水环境"三水统筹"的系统思维,以控制单元为基础明确流域分区、分级、分类管理的差异化要求,为各地水污染防治工作提供了指南。

《规划》落实"水十条"编制实施七大重点流域水污染防治规划的要求,兼顾浙闽片河流、西南诸河、西北诸河,将"水十条"水质目标分解到各流域,明确了各流域污染防治重点方向和京津冀区域、长江经济带水环境保护重点,第一次形成覆盖全国范围的重点流域水污染防治规划。在全国1784个控制单元的基础上,《规划》筛选了580个优先控制单元,进一步细分为283个水质改善型和297个防止退化型单元,提出了优先控制单元主要防治任务,实施分级分类精细化管理。

《规划》提出了工业污染防治、城镇生活污染防治、农业农村污染防治、流域水生态保护、饮用水水源环境安全保障5项重点任务,确定饮用水水源地污染防治、工业污染防治、城镇污水处理及配套设施建设、农业农村污染防治、水环境综合治理五大类项目,采用中央和省级项目储备库相互衔接、动态管理的方式推进实施。《规划》要求从加强组织领导、完善政策法规、健全市场机制、强化科技支撑、加强监督管理、弘扬生态文化等方面做好实施保障。《规划》的出台对于促进"水十条"实施、夯实全面建成小康社会的水环境基础具有十分重要的意义。

2019年,江苏省对修复长江生态环境工作做出以下安排。

(一)工作目标

通过攻坚,长江干流及太湖的湿地生态功能得到有效保护,生态用水需求得到有效保障,生态环境风险得到有效遏制,生态环境质量持续改善。到2019年底,主要入江支流控制断面全面消除劣V类,全省设区市及太湖流域县(市)建成区黑臭水体基本消除。到2020年底,长江流域(沿江八市)水质优良(达到或优于Ⅲ类)的国考断面比例达到71.9%,县级及以上城市集中式饮用水水源水质优良比例高于98%。

(二)主要任务

1. 强化生态环境空间管控,严守生态保护红线

完善生态环境空间管控体系。编制实施全省国土空间规划,划定管制范围,严格管控空间开发利用。加快确定生态保护红线、环境质量底线、资源

利用上线，制定生态环境准入清单，严守河湖与水利工程管理保护范围线。原则上在长江干流、太湖及洪泽湖等周边一定范围划定生态缓冲带，依法严厉打击侵占河湖水域岸线、围垦湖泊、填湖造地等行为，各地可根据河湖周边实际情况对范围进行合理调整。开展生态缓冲带综合整治，严格控制与长江生态保护无关的开发活动，积极腾退受侵占的高价值生态区域，无法清退的要制定并采取补救措施，大力保护修复沿河环湖湿地生态系统，提高水生态环境承载能力。到 2019 年底，基本建成江苏省"三线一单"信息共享系统。2020 年底前，完成国家级和省级生态保护红线勘界定标工作。

实施流域控制单元精细化管理。按流域整体推进水生态环境保护，强化水功能区水质目标管理，细化控制单元，明确考核断面，将流域生态环境保护责任层层分解到市县乡村，结合实施河长制湖长制断面长制，构建以改善生态环境质量为核心的流域控制单元管理体系。到 2020 年底，完成全省控制单元划分，确定控制单元考核断面和生态环境管控目标。

消除劣 V 类水体。着力加强 41 条主要入江支流、26 条主要入海河流水环境综合整治，以南京市金川河、十里长沟、镇江市运粮河 3 条重污染主要入江支流，以及南通市栟茶运河、掘苴河、北凌河，连云港市大浦河、排淡河、沙旺河、朱稽河 7 条重污染主要入海河流为重点，由设区市主要领导挂钩负责，系统治理，精准施策，确保 2019 年底前消除劣 V 类。以南通市东安闸桥西和六总闸、淮安市排水渠苏嘴等 3 个国省考断面为重点，严格落实断面长制，综合施策，确保稳定消除劣 V 类。

2. 排查整治排污口，推进水陆统一监管

按照水陆统筹、以水定岸的原则，有效管控各类入河排污口。统筹衔接前期长江入河排污口专项检查和整改提升工作安排，加快推进已查明问题整改。按照"泰州试点先行，其他沿江 7 市压茬推进"的方式，综合利用卫星遥感、无人机航拍、无人船和智能机器人探测等先进技术，组织开展长江入河排污口排查整治。2019 年底前，泰州市完成排查、监测、溯源，制定整治方案并抓好落实，形成可复制、可推广的排查整治技术规范和工作规程；南京、无锡、常州、苏州、南通、扬州、镇江等其他沿江设区市完成排查、监测任务。

3. 加强工业污染治理，有效防范生态环境风险

优化产业结构布局。严禁在长江干支流 1 千米范围内新建、扩建化工园区和化工项目，依法淘汰取缔违法违规工业园区。对沿江 1 千米范围内违法违规危化品码头、化工企业限期整改或依法关停，沿长江干支流两侧 1 千米范围内且在化工园区外的化工生产企业原则上 2020 年底前全部退出或搬迁，到 2020 年底，全省化工企业入园率不低于 50%。以长江干流、太湖及洪泽湖为重点，全面开展"散乱污"涉水企业综合整治，分类实施关停取缔、整合搬迁、提升改造等措施，依法淘汰涉及污染的落后产能。加强腾退土地污染风险管控和治理修复，确保腾退土地符合规划用地土壤环境质量标准。2020 年底前，有序开展"散乱污"涉水企业排查，积极推进清理和综合整治工作。

规范工业园区环境管理。新建工业企业原则上应在工业园区内建设并符合相关规划和园区定位，工业园区应按规定建成污水集中处理设施并稳定达标运行。加大现有工业园区整治力度，完善污染治理设施，实施雨污分流改造。组织评估依托城镇生活污水处理设施处理园区工业废水对出水的影响，导致出水不能稳定达标的，要限期退出城镇污水处理设施并另行专门处理。到 2020 年底，已建工业废水集中处理设施的工业园区内的工业废水原则上全部退出市政管网。国家级工业园区于 2019 年底前、省级工业园区（含筹）于 2020 年底前实现污水管网全覆盖、污水集中处理设施稳定达标运行。依法整治园区内不符合产业政策、严重污染环境的生产项目，2020 年底前，国家级开发区中的工业园区（产业园区）完成集中整治。

强化工业企业达标排放。推进造纸、焦化、氮肥、有色金属、印染、农副食品加工、原料药制造、制革、农药、电镀十大重点行业专项治理，促进工业企业全面达标排放。开展沿江电力企业有色烟羽治理。深入推进排污许可证制度，2020 年底前，完成覆盖所有固定污染源的排污许可证核发工作。开展含磷农药制造企业专项排查整治行动，2019 年 6 月底前完成排查，重点排查母液收集处理装置建设运行情况，制定实施限期整改方案；2020 年 6 月底前完成整治任务。

加强固体废物规范化管理。在全省范围实施打击固体废物环境违法行为专项行动，持续深入推动长江沿岸固体废物大排查，对发现的违法行为依法查处，全面公开问题清单和整改进展情况。建立部门和区域联防联控机制，建立健全环保有奖举报制度，严厉打击固体废物非法转移和倾倒等活动。2020 年底前，有效遏制非法转移、倾倒、处置固体废物案件高发态势。深入落实《禁止洋垃圾入境推进固体废物进口管理制度改革实施方案》。

严格环境风险源头防控。开展长江生态隐患和环境风险调查评估，从严实施生态环境风险防控措施。深化沿江石化、化工、医药、纺织、印染、化纤、危化品和石油类仓储、涉重金属和危险废物处置等重点企业环境风险评估，限期治理风险隐患。推进重点环境风险企业环境安全达标建设和"八查八改"工作。到 2020 年底，基本实现"八查八改"全覆盖。组织调查摸清尾矿库底数，按照"一库一策"开展整治。

4. 加强农业农村污染防治，持续改善农村人居环境

深入开展农村人居环境整治。加强农村生活垃圾和生活污水治理，推进农村"厕所革命"，探索建立符合农村实际的生活污水、垃圾处理处置体系，开展农村生活垃圾分类减量化试点，推行垃圾就地分类和资源化利用。大力推进美丽宜居村庄建设，加快推进农村生态清洁小流域建设，加强农村饮用水水源环境状况调查评估和保护区（保护范围）划定。到 2020 年底，苏南地区和其他有条件地方，实现农村生活垃圾收运处理体系、户用厕所无害化改造和厕所粪污治理、行政村生活污水处理设施三个全覆盖，农村生活垃圾减量分类工作有序开展；苏中、苏北地区，基本实现农村生活垃圾收运处理体系全覆盖，每个县（市）和涉农区至少有 1 个乡镇开展全域农村生活垃圾分类试点示范，基本完成农村户用厕所无害化建设改造，厕所粪污基本得到处理或资源化利用，60% 的行政村建有生活污水处理设施。

实施化肥、农药施用量负增长行动。开展化肥、农药减量利用和替代利用，加大测土配方施肥推广力度，引导科学合理施肥施药。推进有机肥替代化肥和废弃农膜回收，完善废旧地膜和包装废弃物等回收处理机制。到 2020 年，化肥利用率提高到 40% 以上，测土配方施肥技术推广覆盖率达到 93% 以上，太湖一级保护区化肥、农药施用量较 2015 年削减 20% 以上，废旧农膜回收利用率达 80%。

着力解决畜禽养殖污染。严格畜禽养殖禁养区划定和管理，按照"种养结合、畜地平衡"的原则，科学确定区域养殖总量，优化养殖业布局。整省推进畜禽粪污资源化利用，有序推进畜禽粪污专业化集中处理，培育壮大多种类型的粪污处理社会化服务组织，因地制宜推广粪污全量收集还田等模式。督促落实企业主体责任，配套完善畜禽养殖粪污处理和资源化利用设施装备，提升粪污处理设施装备配套率。到2020年底，规模养殖场粪污处理设施装备配套率达到100%，生猪等畜牧大县整县实现畜禽粪污资源化利用。

推进渔业绿色发展。强化养殖水域滩涂规划管理，依法划定禁养区、限养区和养殖区，禁止超规划养殖，2020年底前，禁养区内的养殖行为全部退出，重点湖库非法围网养殖完成全面整治。严控湖泊、近海投饵围网养殖，大力发展不投饵滤食性、草食性鱼类养殖。以养殖尾水达标排放为核心，以百亩以上连片养殖池塘为重点，大力推进养殖池塘生态化改造，规范养殖池塘清塘行为，2020年底前，水产养殖主产区各级各类农（渔）业园区养殖池塘实现尾水达标排放。鼓励有条件的地方建设养殖水在线监控系统，提高信息化水平。积极引导渔民退捕转产，加快禁捕区域划定，实施水生生物保护区全面禁捕。坚决严厉打击"电毒炸"和违反禁渔期禁渔区规定等非法捕捞行为、"绝户网"等严重破坏水生生态系统的禁用渔具和涉渔"三无"船舶，2020年底前，长江流域重点水域实现常年禁捕。

5.补齐环境基础设施短板，保障饮用水水源水质安全

加强饮用水水源保护。推动饮用水水源地规范化建设，优化划定水源保护区，规范保护区标志和交通警示标志设置，建设一级保护区隔离防护工程，优化水源地水质自动监测点位布置。以"千吨万人"饮用水水源地为重点开展专项行动，到2020年底，完成乡镇级集中式饮用水水源地整治工作，基本完成城市饮用水水源地规范化建设，建立健全各级饮用水水源保护区日常巡查长效机制。

推动城镇污水收集处理。以城市黑臭水体整治为契机，加快补齐生活污水收集和处理设施短板。加快推进老旧污水管网改造和破损修复，大幅提升污水收集能力。加快推进太湖流域城镇污水处理厂新一轮提标改造工作，鼓励有条件的地方对城镇污水处理厂达标尾水实行生态净化处理。对污水处理

设施产生的污泥进行稳定化、无害化和资源化处理处置，禁止不达标的污泥进入耕地，取缔非法污泥堆放点。到 2020 年底，沿江八市基本无生活污水直排口，基本消除城中村、老旧城区和城乡接合部生活污水收集处理设施空白区，城市生活污水集中收集效能显著提高，污泥无害化处理处置率达到 100%。

全面推进垃圾分类和治理。建立健全垃圾收运体系，加大生活垃圾分类工作推进力度，统筹布局生活垃圾转运站，推动大中型生活垃圾转运站升级改造，淘汰敞开式收运设施，在城市建成区推广密闭压缩式收运。加强生活垃圾处理能力建设，加快建设生活垃圾集中处理设施，强化垃圾处理设施运行监管，对于垃圾渗滤液处理能力不足、处理不达标的，加快完成升级改造。2020 年底前，完成城市水体蓝线范围内的非正规垃圾堆放点整治，实现沿江城镇垃圾全收集全处理。

6. 加强航运污染防治，防范船舶港口环境风险

深入推进非法码头整治。巩固长江干线非法码头整治成果，研究建立监督管理长效机制，坚决防止问题反弹。加快推进长江水上过驳专项整治，研究推进长江砂石码头布局优化，促进沿江港口码头科学布局。扎实推进已拆除非法码头的生态恢复工作。到 2019 年底，依法拆除长江干支流各类非法生产设施。按照长江干线非法码头治理标准和生态保护红线管控等要求，全面开展内河干线航道非法码头整治，2020 年底前全面完成非法码头清理取缔工作。

完善港口码头环境基础设施。优化沿江码头布局，严格危险化学品港口码头建设项目审批管理，严控新建化工码头。抓紧落实长江洗舱站建设布局规划，积极推进化学品洗舱站建设。加快港口码头岸电设施建设，切实提高船舶靠岸期间岸电使用率。推进主要港口大型煤炭、矿石码头堆场建设防风抑尘设施或实现封闭储存，推进电动汽渡船改造与建设。市、县人民政府统筹规划建设靠泊船舶污染物接收、转运及处置设施，加快建设水上绿色综合服务区，努力实现靠泊、锚地停泊和过境船舶生活污水、生活垃圾等污染物的免费接收，建立并实施电子联单制度和联合监管制度。2020 年底前，所有港口码头、船舶修造厂、船闸锚地建成污染物接收设施，并与城市公共转运、

处置设施有效衔接；主要港口和排放控制区港口 50% 以上已建的集装箱、客滚、油轮、3 千吨级以上客运和 5 万吨级以上干散货专业化泊位，具备向船舶供应岸电的能力。

加强船舶污染防治及风险管控。研究制定加强长江船舶污染治理的实施意见。积极治理船舶污染，严格执行《船舶水污染物排放控制标准》，加快淘汰不符合标准要求的高污染、高能耗、老旧落后船舶，现有不达标船舶到 2020 年底前全部完成达标改造，基本实现载运散装液体危险货物船舶按规定强制洗舱，洗舱水按规定收集处理。严格运输船舶准入门槛，控制水路运输规模，实施船舶环境风险过程管控，强化长江及内河水上危化品运输环境风险防范，严厉打击危化品非法水上运输及油污水、化学品洗舱水等非法转运处置行为。研究制定船舶转型升级支持政策，严禁单壳化学品船和单壳油船进入长江干线、京杭运河、长江三角洲等高等级航道网（从事植物油运输的单壳油船按照国家规定执行）航行、停泊。推进主要油类装卸作业码头、船舶通航密集区配备水上溢油应急监测系统。加快制定长江江苏段水上应急能力建设规划，提升应对重大溢油、危险化学品污染事故应急处置能力。

7. 优化水资源配置，有效保障生态用水需求

实行水资源消耗总量和强度双控。严格用水总量指标管理，健全省、市、县三级用水总量控制指标体系，做好跨省江河流域水量分配，严格取用水管控。严格用水强度指标管理，建立重点用水单位监控名录，推进城镇非居民用水户用水定额管理，对纳入取水许可管理的单位和其他用水大户实行计划用水管理，积极推进节水型社会建设。2020 年底前，全省用水总量控制在 524 亿立方米以内；万元工业增加值用水量比 2015 年下降 20% 以上。

严格控制小水电开发。严格控制小水电和引水式水电开发活动，组织开展摸底排查，科学评估，建立台账，实施分类清理整顿。全面整改审批手续不全、影响生态环境的小水电项目。对保留的小水电项目加强监管，完善生态环境保护措施。2020 年底前，基本完成小水电清理整顿工作。

切实保障生态流量。协调和加强流域水量统一调度，科学确定生态流量，切实保障长江干流、主要入江支流和重点湖库基本生态用水需求。深化河湖

水系连通运行管理，采取闸坝联合调度、生态补水等措施，确保生态用水比例只增不减，有效保障枯水期生态基流。2020 年底前，长江干流主要控制节点生态基流占多年平均流量的比例达到 20% 以上。

8. 强化生态系统管护，严厉打击生态破坏行为

严格岸线保护修复。落实长江岸线保护和开发利用总体规划，统筹规划长江岸线资源，实行长江干流及洲岛岸线开发总量控制，严格分区管理与用途管制，推进生态岸线恢复。针对突出问题，开展专项整治行动，严厉打击非法占用岸线及筑坝围堰等违法违规行为，依法整治严重影响防洪安全、批建不符、长期占而不用、手续不全等岸线利用项目。开展长江干流岸线保护和利用专项检查行动，推进长江干流两岸城市规划范围内滨水绿地等生态缓冲带建设。到 2020 年底，岸线非法利用项目全部清理整治，岸线修复基本完成，生态功能得到恢复，长江干流及洲岛自然岸线（含生态修复及景观生活改造岸线）保有率达到 50% 以上。

严禁非法采砂。严格落实禁采区、可采区、保留区和禁采期管理措施，加强对非法采砂行为的监督执法。2019 年底前，组织开展跨部门联合监督检查和执法专项行动，取缔"三无"采砂船。2020 年底前，建立非法采砂区域联动执法机制。

实施生态保护修复。开展长江生态环境大普查，摸清资源环境本底情况，系统梳理和掌握各类生态环境风险隐患（省生态环境厅会同省自然资源厅、省水利厅、省林业局等部门负责）。开展退耕还湿、天然林资源保护、河湖与湿地保护修复、矿山生态修复和尾矿库综合治理、水土流失综合治理、森林质量精准提升、长江防护林体系建设、野生动植物保护及自然保护区建设、生物多样性保护等生态保护修复工程。因地制宜实施排污口下游、主要入河（湖）口等区域人工湿地水质净化工程。强化以中华鲟、长江鲟、长江江豚为代表的珍稀濒危物种拯救工作，加大长江水生生物重要栖息地保护力度，实施水生生物产卵场、索饵场、越冬场和洄游通道等关键生境保护修复工程，开展水生生物保护区监督检查。以国际重要湿地和国家级湿地自然保护区为重点，积极开展湿地保护与修复工程建设，2020 年底前，全省自然湿地保护率达到 50% 以上。强化自然保护区生态环境监管。持续开

展自然保护区监督检查专项行动，重点排查自然保护区内采矿（石）、采砂、设立码头、开办工矿企业、挤占河（湖）岸、侵占湿地以及核心区缓冲区内旅游开发等对生态环境影响较大的活动，坚决查处各种违法违规行为。2019年6月底前，完成长江、太湖及洪泽湖各级自然保护区自查工作，制定限期整改方案，加强整改工作监督检查，确保整改到位。

9.全面推进突出问题整改，着力修复长江生态环境

聚焦《长江经济带生态环境警示片》披露的18个突出问题，组织制定详细整改方案，倒排时间节点，明确工作计划和阶段性目标，清单上墙、挂图作战，全力以赴推进问题解决，坚决啃下"硬骨头"。强化责任落实，将整改工作完成情况纳入年度重点工作，完善整改调度和督查机制，确保限期完成整改任务，确保整改取得实实在在成效。举一反三，重点围绕2016年1月以来发生的破坏长江生态问题，滚动排查关联性、衍生性问题和其他生态环境问题及风险隐患，深入分析监管漏洞和薄弱环节，强化监管执法和督察指导，推动突出环境问题有效解决、环境风险有效管控、生态环境有效修复。

（三）保障措施

1.加强党的领导

全面落实生态环境保护"党政同责""一岗双责"。各地要把打好长江保护修复攻坚战放在突出位置，主要领导是本地区第一责任人，组织制定本地区工作方案，细化分解目标任务，明确部门分工，形成工作合力。各地各有关部门要坚持问题导向，抓紧制定分年度重点任务清单，逐项明确责任、措施和时间表，确保一桩桩一件件落到实处、取得实效。

严格考核问责。将长江保护修复攻坚战年度和终期目标任务完成情况纳入污染防治攻坚战成效考核，做好考核结果应用。对工作不力、责任不落实、环境污染严重、问题突出的地区，公开约谈政府主要负责人。

2.完善政策标准

强化长江保护法治保障。加快推动《江苏省水污染防治条例》《江苏省长江岸线保护条例》立法工作。实施更严格的排放要求。严格执行《太湖地区城镇污水处理厂及重点工业行业主要水污染物排放限值》，达标滞后地区应研究明确水污染物排放要求。

3. 健全投融资与补偿机制

拓宽投融资渠道。各级财政支出要向长江保护修复攻坚战倾斜，统筹生态环保类资金加大投入力度。发挥政策性银行贷款优惠的"杠杆"效应，鼓励采用政府和社会资本合作（PPP）模式。探索将生态环境成本纳入经济运行成本，完善污水垃圾处理收费制度，城镇污水处理收费标准应能弥补污水处理和污泥处置成本并合理盈利，鼓励有条件的地区建立农村污水、垃圾处理收费制度。扩大差别电价、阶梯电价执行的行业范围，拉大峰谷电价价差，探索建立健全基于单位产值能耗、污染物排放的差别化电价政策。完善差别化水价制度，提高高耗水行业用水价格，完善全省城镇非居民用水超定额累进加价制度，鼓励发展节水高效现代农业。全面清理取消对高污染排放行业的各种不合理价格优惠政策，研究完善有机肥生产销售运输使用等环节的支持政策。

完善流域生态补偿和财政奖惩制度。健全长江流域生态补偿机制，推进跨省水环境补偿试点，深化省内水环境区域补偿制度。实施与污染物排放总量和水生态环境质量挂钩的财政资金奖惩政策。

4. 强化科技支撑

加强科学研究和成果转化。加快开展长江生态环境保护修复技术研发，加强珍稀濒危物种保护与其关键生境修复技术攻关。整合各方科技资源，创新科技服务模式，促进科研成果转化。支持和参与长江生态环境保护修复驻点跟踪研究工作。

大力发展节能环保产业。积极发展节能环保技术、装备、服务等产业，完善支持政策。以污水、垃圾处理等环境公用设施和工业园区为重点，推行环保管家、第三方监测治理、专家治厂等模式，提升污染治理效率和专业化水平。培育农业农村环境治理市场主体，推动建立农业生产和农村生活废弃物收集、转化、利用三级网络体系。

5. 严格生态环境监督执法

建立完善长江环境污染联防联控机制和预警应急体系，建立健全跨部门、跨区域突发环境事件应急响应机制和执法协作机制，加强长江流域环境违法违规企业信息共享，构建环保信用评价结果互认互用机制。

加大生态环境执法力度。统一实行生态环境保护执法，推进环境执法重心向市、县下移，开展联合执法、区域执法、交叉执法，从严处罚生态环境违法行为，强化执法监督和责任追究。健全行政执法与刑事司法、行政检察、公益诉讼衔接机制。

深入开展生态环境保护督察。将长江保护修复攻坚战目标任务完成情况纳入省级生态环境保护督察范畴，对重大环境问题实行清单化管理，推进实施市、县党政领导包案制度、销号制度。

提升监测预警能力。开展天地一体化长江水生态环境监测调查评估，开展水生生物多样性监测试点。完善水生态环境监测网络，加快建设水环境自动监测预警监控点，优化主要入江支流控制断面设置，2020 年底前实现重点区域、重要水域监测点位全覆盖、规模以上入河排污口监测全覆盖。开展长江干流岸线生态环境无人机遥感调查。

6. 促进公众参与

加强环境信息公开。定期公布设区市水环境质量状况和城市水环境质量排名，公开曝光环境违法典型案例。市、县人民政府定期公开本地区攻坚任务完成等情况。重点企业定期公开污染物排放、治污设施运行等情况。建立宣传引导和群众投诉反馈机制，发布权威信息，及时回应群众关切。

构建全民行动格局。推进环保基础设施和城市污水垃圾处理设施向公众开放，实行有奖举报制度，鼓励购买使用节水产品和环境标志产品，探索环保 CEO 制度和企业环保承诺制度。通过新闻媒体广泛宣传长江保护修复的重要意义，及时报道各地生态环境管理的政策措施、工作动态和经验做法。

江苏省坚持污染防治和生态建设并重，将有效保护和合理利用资源贯穿于经济社会发展全过程，突出抓好重点流域、区域的环境综合整治，提高资源保护利用水平，切实改善环境质量。

二、长江江苏段生态环境保护情况

长江是我国第一大河，长江江苏段位于长江流域下游，总长 432.5 千米，流域面积 386 万平方千米（其中太湖水系 1.94 万平方千米）。长江江苏段具有防洪、供水、航运、渔业、生态、景观等综合功能，是长江黄金水道的"咽喉"，是国家重要的生态廊道和水生物资源的宝库，是江苏省沿江 8 市的防洪安全屏障和全省最重要的饮用水源地和灌溉水源地。

自全省河湖长制工作启动以来，省河长办与省水利厅会同各地、各有关部门围绕长江经济带发展战略部署，加快推进长江江苏段防治工作，编制完成《长江江苏段一河一策行动计划》，确定了 2018—2020 年重点治理项目。

2018 年，长江江苏段河流整治工作已初见成效。

围绕突出问题，省水利厅加快推进长江防洪、供水等基础设施建设，开展长江河势控制和崩岸应急治理，推进长江堤防能力提升工程规划建设。加强长江饮用水水源地保护，全面启动长江干流 97 个水功能区"一区一策"达标整治，全面开展"三乱"专项整治行动，开展岸线利用项目大核查和固体废物排查，持续推进长江管理范围确权划界工作，加大非法采砂打击力度。通过落实责任、强化监管，促使"黄金水道"经济社会效益得到高效发挥。

省生态环境厅以改善水环境质量为核心，强化环保执法监管。全力配合中央生态环保督察"回头看"，建立交办问题整改销号制度和环境信访领导包案、联合督办制度。对 14 个不达标国省考断面、17 个水源地进行了专项督查，发现交办问题 80 个。

省住房和城乡建设厅聚焦全力保障城乡供水安全，积极推进以长江为水源的自来水厂深度处理工艺改造，将自来水深度处理率纳入高质量发展指标体系。沿江 8 市共建成 427 座城镇污水处理厂，城市（县城）污水处理率达 95.5%，污水集中处理率为 84.1%。

省交通运输厅大力开展船舶与港口水污染防治，开展非法码头及水上过驳专项整治，拆除非法码头 112 个，规范提升码头 6 个，复绿面积 284 万平方米，加强危险品水路运输安全监管，省籍 2306 艘内河危化品运输船舶的身份识别与轨迹传感器全部安装到位并正常使用。

南京作为全省唯一跨江布局和岸线最长的城市，压实责任后，110 名河长严格落实河长制。各类重点水体水质稳中有升，22 个国省考断面现状全部达标，水质优良比例由去年的 76% 上升到今年的 81.8%。沿江 4 个水源地的 17 个问题已全部整改到位。

无锡市扎实开展长江岸线整治专项行动。韭菜港、黄田港渡口已完成搬迁；长江"三乱"主要违法项目整改完成率达到 52.6%；清理固体废物 40674 立方米，沿线所有涉河建设项目均实现建档立卡、动态管理。

常州市突出工业、农业、生活、航道污染"四源同治"，在全省率先出台河长制问责办法，将生态文明建设责任纳入各级党政一把手"四责联审"范畴。开展 "生态绿城"建设，新北区实现增核 5385 亩，生态红线区面积由 17.2 平方千米扩大至 60.45 平方千米。

苏州市着力从源头治理，加强岸线保护，开展专项整治恢复生态工作。长江苏州段需整改的 5 个排放口已全部整改到位。依法关停、整治提升散乱污企业。

南通市地处长江入海口，平均每天过境船舶 2700 艘次，年过境危险品超过 1 亿吨，长江大保护责任重大。南通在制度化、常态化巡江上下功夫，通过专题巡江、分段巡江、联动巡江，实现了水上、堤上、岸上全覆盖。

扬州市优化长江岸线资源保护，核减与饮用水源地保护区有冲突、与城市生活绿地有冲突的 4.22 千米规划港口岸线，完成沿江 15 家主要港口码头船舶垃圾分类回收站台建设，新建加固护岸 11.41 千米，取缔、拆除非法码头 28 座，关停码头 5 座，驱离非法作业点浮吊船 27 艘。

镇江市全力推行系统治理，防洪、供水、生态形势正逐步好转。专项整治行动中，查出固体废物点位 12 处，已完成整改 8 处。开展大型联合执法行动，立案查处非法采砂案件，拆除采砂机具。

长江泰州段河湖水环境持续改善。泰兴市已完成 2 处船厂的拆除清理；靖江市已关停整治 2 家违法占用企业，恢复江滩面积近 4 万平方米，在全省率先对规模以上入河排污口实现每月监测全覆盖，确保不对长江水质安全带来影响。

2021 年 5 月 1 日，作为江苏省水污染防治领域一部总纲性的地方性法规《江苏省水污染防治条例》正式实施，对水污染防治法规进行了细化。

三、太湖流域生态环境保护方案

太湖流域地处长江三角洲的南翼，北抵长江，东临东海，南滨钱塘江，西以天目山、茅山为界。流域面积为 36895 平方千米，行政区划分属江苏、浙江、上海和安徽三省一市，其中江苏省 19399 平方千米，占 52.6%；浙江省 12095 平方千米，占 32.8%；上海市 5176 平方千米，占 14.0%；安徽省 225 平方千米，占 0.6%。

太湖流域地形特点为周边高、中间低，西部高、东部低，呈碟状。流域西部为山区，属天目山及茅山山区，中间为平原河网和以太湖为中心的洼地及湖泊，北、东、南三边受长江和杭州湾泥沙堆积影响，地势高亢，形成碟边。地貌分为山地丘陵及平原，西部山丘区面积 7338 平方千米，约占流域面积的 20%，山区高程一般为 200~500 米，丘陵高程一般为 12~32 米；中东部广大平原区面积 29557 平方千米，分为中部平原区、沿江滨海高亢平原区和太湖湖区，中部平原区高程一般在 5 米以下，沿江滨海高亢平原地面高程为 5~12 米，太湖湖底平均高程约 1 米。

太湖流域属亚热带季风气候区，四季分明，雨水丰沛，热量充裕。冬季受大陆冷气团侵袭，盛行偏北风，气候寒冷干燥；夏季受海洋气团控制，盛行东南风，气候炎热湿润。年平均气温 14.9~16.2℃，气温分布特点为南高北低，年日照时数 1870~2225 小时。多年（1956—2000 年）平均降雨量 1177 毫米，其中约 60% 集中在 5~9 月的汛期。多年平均水面蒸发量为 822 毫米。流域多年平均天然年径流量 160.1 亿立方米，折合年径流深 438 毫米，多年平均年径流系数为 0.37，变化幅度大致在 0.21~0.55 之间。流域多年平均水资源总量为 176.0 亿立方米，其中地表水资源量为 160.1 亿立方米，地下水资源量为 53.1 亿立方米，地表水和地下水的重复计算量为 37.2 亿立方米。

太湖流域是长江水系最下游的支流水系，河网如织，湖泊星罗棋布，水面总面积约 5551 平方千米，水面率为 15%；水流流速缓慢，汛期仅 0.3~0.5 米/秒，水环境承载能力低。流域湖泊以太湖为中心，形成西部洮滆湖群、南部嘉西湖群、东部淀泖湖群和北部阳澄湖群。太湖是流域内最大的湖泊，也是流域重要水源地和水资源调蓄中心。流域内河道总长约 12 万千米，河网密度 3.3 千米/平方千米。出入太湖河流 228 条。流域水系以太湖为中心，分上游水系和下游水系。上游水系主要为西部山丘区独立水系，包括苕溪水系、南河水系及洮滆水系；下游主要为平原河网水系，包括东部黄浦江水系、北部沿长江水系和东南部沿长江口、杭州湾水系。江南运河（京杭大运河）贯穿流域腹地及下游诸水系，起着水量调节和承转作用。其中主要入湖河流有苕溪、南溪和洮滆等；出湖河流有太浦河、瓜泾港、胥江等。

太湖流域位于长江三角洲的核心地区，是我国经济最发达、大中城市最密集的地区之一，地理和战略优势突出。流域内分布有特大城市上海、大中城市杭州、苏州、无锡、常州、镇江、嘉兴、湖州及迅速发展的众多小城市和建制镇，已形成等级齐全、群体结构日趋合理的城镇体系，城镇化率达74.7%。

流域内人口密集、产业密集。2018 年，太湖流域人口 6104 万人，占全国总人口的 4.4%，人口密度 1654 人／平方千米左右。全流域国内生产总值87663 亿元，约占全国 GDP 的 9.7%；人均生产总值达 14.4 万元，是全国平均水平的 2.2 倍。

《江苏省"十三五"太湖流域水环境综合治理行动方案》相关内容如下。

（一）总体要求

1. 指导思想

深入贯彻习近平总书记生态文明建设思想和视察江苏重要讲话精神，落实山水林田湖是一个生命共同体的理念。按照建设生态文明示范区的总体要求，继续将太湖治理作为江苏生态文明建设的重中之重。坚持"铁腕治污、科学治太"，优化国土空间开发，有效维护生态红线，以总磷、总氮控制为重点，以保障饮用水安全为根本，着力推进产业结构和空间布局调整，着力加强面源污染治理，着力改善环湖生态环境，着力健全管理体制和责任机制，不断提升水环境质量，努力恢复流域河湖生机和活力，实现流域社会经济和环境协调发展，把太湖治理打造成美丽中国江苏篇章的样板工程。

2. 基本原则

科学规划，综合治理。按照节约优先、保护优先、自然恢复为主的方针，全面统筹流域内经济发展、城乡建设、土地利用、资源开发等因素，更加注重饮用水安全保障、重污染行业专项整治、城乡生活污水处理、农业面源治理、区域综合整治等工作。

突出重点，统筹兼顾。将"一环两区"和省界重点断面作为治太重点区域，围绕考核断面水质达标、氮磷削减进行集中整治和重点攻关。协调地区、行业间的污染治理，与此同时，坚持水域和陆域污染协调治理，点、线、面共同推进。

目标管理，强化考核。合理确定水环境综合治理水质目标和污染物排放总量控制目标，对 COD、氨氮、总磷、总氮等关键性指标按分期、分级、分类确定控制目标。突出流域地方政府总负责制，逐级分解落实治理任务。健全法律规章，完善考核体系，强化监督管理，落实责任追究。

远近结合，标本兼治。把解决当前突出问题与构建太湖流域水环境治理保护长效机制有机结合起来。坚持工程措施和管理措施并举，经济社会发展、水资源保护和生态建设全面统筹。

完善体制，创新机制。率先探索系统完整的生态文明制度体系，建立产权明晰、责任落实、运行有效的管理体制，全面挥政府、市场的积极性，最大限度地动员社会公众参与。积极创新投融资、排污权交易、生态补偿、自然资源有偿使用制度等机制，健全法律法规、标准规范和执法体系，形成促进流域水环境质量不断改善的长效机制。

3. 治理目标

太湖流域污染物控制指标为 COD、氨氮、总磷和总氮，水体水质控制指标为高锰酸盐指数、氨氮、总磷和总氮。对于控制太湖富营养化，总磷和总氮是主要控制指标，其中总磷是关键控制指标。水质目标和总量目标是三级考核的重要依据和对象。

总体目标：确保饮用水安全，确保不发生大面积湖泛；流域各项水质和总量控制指标达到国家考核要求，太湖流域水质持续改善，生态持续恢复。

（1）饮用水安全。到 2020 年，持续保持目前饮用水水源地二级保护区水质稳定达到《地表水环境质量标准》（GB3838—2002）基本项目限值的Ⅲ类标准和补充项目、特定项目的要求；一级保护区水质达到《地表水环境质量标准》基本项目限值的Ⅱ类标准和补充项目、特定项目要求的比例逐年提高。

（2）水环境质量。到 2020 年，太湖湖体整体高锰酸盐指数和氨氮稳定保持在Ⅱ类，总磷达到Ⅲ类（浓度较 2015 年下降 15.3%），总氮稳定达到

Ⅴ类。到2020年，太湖流域重点考核断面以及河网水功能区水质达标率分别达到80%。流域5个设区市地表水丧失使用功能（劣于Ⅴ类）的水体、建成区黑臭水体基本消除。淀山湖高锰酸盐指数和氨氮继续保持或优于Ⅲ类，总磷达到Ⅳ类，总氮达到Ⅴ类，富营养状态进一步趋好。长荡湖、滆湖、阳澄湖、澄湖等湖泊水质在现状基础上进一步改善。

（3）污染物排放总量控制目标。基于太湖流域各地区的水环境质量现状、改善要求、污染物排放现状及容量计算结果，分类别、分阶段提出分区差异性的地市及控制单元总氮、总磷总量控制考核目标，流域总氮、总磷污染物排放量均比2015年削减16%以上。

（4）污染物入河（湖）总量控制目标。根据《总体方案修编》，到2020年，我省太湖流域污染物入湖总量控制目标分别为：COD327690吨、氨氮22000吨、总磷2498吨、总氮52812吨。

（三）主要任务

以提升湖体、重点考核断面和水功能区水质为目标，围绕实现更高水平"两个确保"、全面实施氮磷污染控制、持续推进生态修复以及提升资源化利用水平四大重点任务。加大太湖西部及上游地区水环境治理力度，重点实施流域氮磷污染控制，加快推进新一轮河湖清淤工程，积极探索蓝藻等资源化利用措施，深入推进太湖水环境综合治理7大类工程。

1. 持续保障饮用水安全

（1）强化饮用水水源安全。按照"水源达标、备用水源、深度处理、严密监测、预警应急"的要求，完善城市供水安全保障体系。严格水源地保护制度，加强饮用水水源地达标建设，全面保障饮用水安全。全面实施现有水厂自来水深度处理工艺改造，新建水厂一律达到深度处理要求。完善区域联合供水，扩大安全饮用水范围。实施从水源水到龙头水全过程监管，构建流域供水安全保障体系并加强考核，确保饮用水安全。各市、县人民政府及供水单位定期监测、检测和评估本行政区内饮用水水源、供水厂出水、用户水龙头水质等饮水安全状况并向社会公开。

（2）强化应急防控措施。严格落实应急预案要求，强化太湖湖泛巡查、蓝藻（水草）打捞处置、应急清淤等应急防控措施，严密防范供水危机；建设太湖蓝藻（水草）打捞及湖泛防控能力建设工程和移动式蓝藻应急处置工程，提升环湖蓝藻（水草）打捞、分离和处置能力，完善应急防控物资储备。按照"引清释污，以动制静，以丰补枯，改善水质"的要求，加强流域统一调度，充分提升流域骨干水利工程引排能力，科学调水引流，建立引排长效机制。适时开展人工增雨作业，缓解蓝藻暴发。

2. 全面深化工业污染防治

（1）加快淘汰落后产能。继续实施污染企业搬迁改造，持续降低太湖上游地区工业污染负荷，制定产业转型升级方案，加快推进化工行业转型调整。2018年底前，完成太湖一级保护区化工企业的关停并转迁，建成无化生态保护区。大力调整宜兴、武进等地产业结构，到2020年，化工、印染、电镀等行业产能和企业数量大幅削减。

（2）全面提高工业企业清洁生产水平。开展新一轮化工、印染、电镀等重点行业专项整治，太湖流域一、二级保护区内建立清洁生产企业清单和清洁化工艺改造项目清单，全面提高企业清洁生产水平。

（3）强化化工园规范化建设及管理。加强工业污水接管和深度处理，全面推行工业集聚区企业废水和水污染物纳管总量双控制度，重点行业企业工业废水实行"分类收集、分质处理、一企一管"，完善工业集聚区污水收集配套管网，开展工业集聚区污水集中处理和污水处理厂升级改造，提升工业尾水循环和再生水利用水平。健全重点污染源在线监控系统，加强工业污染源监管。加强环境风险评估和应急处置能力建设，做好突发环境污染事故的及时处置工作。

（4）全面强化船舶污染治理。加强船舶港口码头污染控制，增强交通航运污染防治能力。全面提高船舶污染物的搜集能力，完善船舶污染物岸上接收设施建设，港口、码头应当配备船舶污染物、废弃物接收设施和必要的水污染应急设施，加强船舶垃圾收集、水上加油站点的管理，形成配套体系。

3. 城镇生活污染治理

（1）全面推进城镇污水处理厂提标改造。强化污水处理厂运行管理，提高处理水平。执行更加严格的总磷总氮排放要求，尾水排入太湖水系的一级保护区内所有城镇污水处理厂实施氮磷特别排放限值，二级保护区内县以上城市污水处理厂实施氮磷特别排放限值。

（2）完善城镇污水处理厂配套管网。完善城镇污水处理厂管网配套，推进雨污分流、老旧管网改造及排水达标区建设。全面加强污水收集管网配套建设和管理维护，尤其是支管网建设，扩大纳管范围，提高城镇污水收集能力，确保污水处理厂运行负荷。结合城镇集中居住区旧城改造、道路改造、新建小区建设，全面实施城镇雨污分流管网建设，重点推进一二级保护区内的城镇雨污分流排水达标区建设，逐步扩大排水达标区。

（3）提升污泥规范化处理和城镇垃圾处理水平。推进污泥规范化处置和资源化利用，实施永久性污泥处理处置设施建设。科学规划、合理布局污泥集中处理处置设施，在污泥产生量较大且有条件相对集中处理的区域，建设污泥规范化处理处置利用工程。城镇污水处理厂污泥全部实现无害化处理。推进土地利用及建材利用等低碳环保的污泥处理处置方式，提高城镇污水处理厂污泥资源化利用水平。完善城乡生活垃圾收运体系，加强餐厨废弃物、建筑垃圾处理，建立城镇垃圾分类处置体系。加强生活垃圾污染控制，重点支持生活垃圾填埋场、飞灰填埋场和大中型垃圾中转站等新（改、扩）建工程，提高城乡垃圾的转运和处理能力。对已经达到使用年限的填埋场进行规范化封场治理，组织对简易填埋场进行环境整治。全面实施垃圾处理场（焚烧场）垃圾渗滤液处理设施建设和提标改造工程。

（4）推进海绵城市建设。系统推进海绵城市建设，构建健康的城市水生态系统，新建城区硬化地面可渗透面积要达到40%以上。既有建成区要结合棚户区（危旧房）改造、易淹易涝片区整治和城市环境综合整治等项目逐步实施。推进海绵城市示范区、海绵型公园和绿地、建筑与小区、道路与广场、小城镇、村庄等示范建设。

4. 农业面源污染治理

（1）强化畜禽养殖污染治理。推进畜牧业绿色发展，按照"种养结合、以地定畜"的要求，优化畜牧业规划布局，逐步将太湖一级保护建成禁养区。二级保护区实行畜禽养殖总量控制，不得新建、扩建畜禽养殖场。全面规范二、三级保护区内所有养殖场（小区）、养殖专业户养殖行为，取缔所有非法和不符合规范标准的养殖场（小区）、养殖专业户。加强畜禽养殖废弃物综合利用，强化分散畜禽养殖粪污收集处理利用体系、种养结合一体化以及治理配套设施等工程建设。

（2）加强水产养殖污染控制。调整渔业产业结构，继续推进百亩连片池塘循环水养殖工程，构建池塘生态养殖系统，强化水产养殖业污染管控，规范池塘循环水养殖，严格执行太湖流域池塘养殖水排放标准。严格控制太湖围网养殖面积在4.5万亩以内。

（3）全面推进种植污染治理。调整种植业结构，全面推进连片生态循环农业示范区（农业面源污染防治示范区）建设工程，推广生态、循环、绿色农业发展模式，重点实施农业清洁生产、废弃物资源化利用等重点工程，将太湖一级保护区打造成生态循环农业基地。优化调整农业生产方式，调优化肥农药生产、销售、使用结构，确保太湖一级保护区化肥、化学农药施用总量较2015年削减20%以上。

（4）推进农村环境综合整治。全面实施农村生活污水处理、垃圾收运、水系沟通、河网清淤、岸坡整治等工程。改革创新管理及运营机制，探索推动村庄生活污水处理设施第三方区域化规范运行管理模式，提高农村污水收集处理能力。建立农村面源监控体系。研究推进农业面源污染治理非工程措施，建立农村环境保护宣教制度，开展农村环境教育。

5. 生态保护与恢复

（1）加强生态湿地保护与恢复。建立流域湿地保护体系，严格保护流域内湿地类生态红线区域，严格控制非法围占自然湿地，遏制流域内湿地面积减少和湿地生态功能退化。加大流域生态基础设施建设，逐步完善河网、湖荡湿地，构建合理有效的生态廊道、生态斑块，系统性恢复河流、湖泊、山水园林之间的生态关系，加强湿地保护管理能力建设，推进流域湿地保护生态补偿机制实施。整体推进流域湿地建设，强化环太湖、重点湖泊湖滨、主要入湖河流的湿地保护与恢复工程。

（2）持续实施河湖生态清淤。制定新一轮河湖清淤方案，实施太湖湖体、重点湖泊、出入湖河道、流域骨干河道以及农村河网等清淤工程，建立河湖清淤轮浚机制。

（3）加快推进环太湖绿色廊道建设。有机串联城市、集镇和村落，形成体现历史文化、自然山水和城镇风貌的绿色廊道，提升水系岸线及滨水绿地的自然生态效益，提高绿色廊道的生态稳定性、地域特色性和功能完善性。鼓励沿湖有条件区域开展绿色廊道试点建设工程。

6. 蓝藻、淤泥和芦苇等处置及资源化利用

（1）蓝藻（水草）资源化利用。按照"统一规划、合理布点、分步实施"的原则，在太湖流域蓝藻重点发生和水草广泛聚生区域，建设蓝藻、水草"巡查—打捞—运输—处置—资源化利用"一体化工程，建设与打捞能力相匹配的资源化处置设施，探索蓝藻（水草）等资源化利用方式，拓宽利用渠道。

（2）淤泥综合利用。积极推广河湖淤泥"疏浚—运输—处置—资源化利用"一体化示范工程。推进河湖淤泥与固化土在农业种植、土地修复、园林绿化、填方建材等方面的综合利用。

（3）秸秆及湿地水生植物利用。加强秸秆等农作物废弃物以及湿地水生植物的资源化利用。利用沼气工程、堆肥处理、有机肥生产、发酵还田施用等有效措施，促进畜禽养殖废弃物资源化利用和无害化处置。对湿地水生植物进行处理和资源化利用，建立湿地植物"收割—储运—资源化利用"体系，建设资源化利用设施，避免湿地植物二次污染。

（4）城镇污水处理厂尾水及雨水再利用。全面推进城镇污水处理厂尾水再生利用工程建设，加大再生水利用规模，提升再生水、雨水利用等可再生水资源综合利用水平。

7. 小流域综合治理

继续推进重点区域治理、小流域综合整治、断面达标治理以及水系畅通工程，合理细分控制单元，围绕水质改善，突出重点支浜，强化系统施治。构建生态清洁小流域长效管理机制，恢复小流域河网水体自净功能。

（1）主要入湖河流综合整治。开展新一轮太湖上游地区主要入湖河流专项整治工作。重点对经武进、宜兴入湖河流开展专项排查和评估，制定总氮、总磷削减控制方案，全面实施入湖河流总氮、总磷削减控制工程。

（2）淀山湖综合整治。以保护饮用水源地安全、重点地区水资源为重点，全面实施保障饮用水安全、工农业与城乡污染源治理、水生态修复、河网综合治理、闸坝设置优化、疏浚清淤等综合治理工程措施。

（3）其他重点河湖综合整治。加强武宜运河、苏南运河、吴淞江，以及长荡湖、滆湖、阳澄湖、澄湖等流域重点湖泊的小流域综合整治。通过控源、整岸、治浜、清淤等工程措施，控制流域污染物排放，全面恢复水生态系统。

第二节　工业园区的绿色发展

一、苏州工业园区

1994 年 2 月 11 日，国务院下发《关于开发建设苏州工业园区有关问题的批复》，同意江苏省苏州市同新加坡有关方面合作开发建设苏州工业园区。2005 年，苏州工业园区相继启动制造业升级、服务业倍增和科技跨越计划，为后续转型升级奠定基础。2010 年，在转型升级"三大计划"的基础上，又先后提出生态优化、金鸡湖双百人才、金融翻番、纳米产业双倍增、文化繁荣、幸福社区共"九大行动计划"，形成转型升级的完整体系。2015 年 9 月底，国务院批复同意苏州工业园区开展开放创新综合试验，要求探索建立开放型经济新体制，构建创新驱动发展新模式。2018 年，商务部向全国推广苏州工业园区开放创新综合试验的 11 项举措，园区在国家级经开区综合考评中实现三连冠，入选江苏改革开放 40 周年先进集体。近年来，苏州工业园区牢固确立"环境立区""生态立区"的发展思路，积极推进生态文明建设，探索构建以绿色、循环、低碳为特色的工业共生体系，探索出了一条生态与经济质量齐飞的路子。

（一）行政区划

截至 2019 年 3 月，苏州工业园区下辖 8 个街道（社工委）：娄葑街道、斜塘街道、唯亭街道、胜浦街道、湖西社工委、湖东社工委、东沙湖社工委、月亮湾社工委。政府驻地：现代大道 999 号现代大厦。

（二）经济概述

2014 年，苏州工业园区实现地区生产总值 2000 亿元，公共财政预算收入 230.3 亿元，增长 11.3%；实际利用外资 19.6 亿美元、进出口总额 802.8 亿美元、固定资产投资 700 亿元。

2018年，苏州工业园区实现地区生产总值2570亿元，同比增长7.1%；一般公共财政预算收入350亿元，增长10.1%；进出口总额1035.7亿美元，增长20.7%；实际利用外资9.8亿美元，增长6%；全社会固定资产投资389亿元，增长3.8%；社会消费品零售总额493.7亿元，增长10%；服务业增加值占GDP比重达44%；城镇居民人均可支配收入7.1万元，增长7.8%。截至2018年底，苏州工业园区已累计为国家创造超过1万亿美元的进出口总值、8000余亿元税收，经济密度、创新浓度、开放程度跃居全国前列，在国家级经开区综合考评中实现三连冠，跻身建设世界一流高科技园区行列，入选江苏省改革开放40周年先进集体。

（三）绿色发展现状

1. 产业升级与战略定位

高水平"引进来"，大力推进择商选资和提升利用外资水平，推动制造业向"制造+研发+营销+服务"转型、制造工厂向企业总部转型，经过二十多年，累计吸引外资项目4400余个，实际利用外资313亿美元，84家世界500强企业在区内投资了130个项目，经认定的省级总部机构39家，占江苏省20%。

高水平"走出去"，积极参与"一带一路"、长江经济带、长三角一体化等，推进国家级境外投资服务示范平台建设，在"一带一路"沿线22个国家和地区投资布局，园区模式成功在中白（白俄罗斯）、中阿（阿联酋）、中哈（哈萨克斯坦）等合作项目上辐射推广。加快推进苏宿工业园、苏通科技产业园、苏滁现代产业园、中新嘉善现代产业园等合作共建项目，园区经验辐射力、园区品牌影响力不断提升。

2. 突出高新产业占比

2018年，苏州工业园区实现工业总产值4911.19亿元，增长5.8%，其中规模以上工业总产值达4599.32亿元，增长7.3%。2018年，苏州工业园区实现高新技术产业产值3251亿元、新兴产业产值2718亿元，分别占规模以上工业总产值的70.7%和59.1%。

3. 服务业助推产业发展

2018年，苏州工业园区服务业特别是高端现代服务业健康发展，完成服务业增加值 1136 亿元，增长 9.7%，占 GDP 比重 44.2%，集聚金融和准金融机构 966 家，外资银行数量在全省排名第一。全年社会消费品零售总额增幅 8.21%；全年完成服务外包合同额 46.13 亿美元，同比增长 7.9%；新增市级总部机构 9 家，经认定的各级总部项目达 88 家。

4. 狠抓园区环境建设

数据显示，2017 年苏州工业园区实现地区生产总值 2388.11 亿元，同比增长 7.2%，在经济稳步发展的同时，园区的空气质量也出现了明显改善：2017 年，园区环境空气质量全年优良天数 249 天，优良率 68.3%，相较于 2016 年同比提高 2.5 个百分点，其中颗粒物（PM2.5）浓度同比 2016 年下降了 15.2%；首要污染物仍然为 O_3。水环境质量方面，太湖集中式饮用水水源地水质继续稳定达到 III 类水标准，达标率 100%，省控河流断面达标率 100%；阳澄湖水源地也顺利通过国家达标验收，纳入考核；此外，园区主要地表水体包括金鸡湖、独墅湖、娄江和吴淞江等水质均优于 2016 年，总磷、总氮浓度持续下降。声环境质量总体稳定，功能区环境噪声 2 类区昼间、4a 类区昼间均符合标准，且总体较 2016 年有所下降。土壤环境质量方面，园区 13 个土壤环境质量监测点位检测结果全部达到《土壤环境质量标准》二级标准。在大力推进经济高质量发展的同时，园区还大力发展生态工业、循环经济和节能低碳产业。在界浦路西、沪宁高速南、出口加工区 B 区西北侧地块启动了处置能力 3 万吨每年的危废处置项目；乔治费歇尔汽车、尚美国际等单位入选苏州市 2017 年度工业循环经济示范企业；2017 年园区工业固体废物（含危险废物）综合利用（回收和循环再利用等）率达到 82.38%，比 2016 年（70.4%）提高了 10 个百分点。

5. 积极推进节能降耗

园区与重点煤炭消费企业签订控煤责任状，逐年降低园区用煤总量；联合苏州市节能监察中心对纳入使用 S9 及以下型号高耗能配电变压器的 14 家企业开展节能监察，截至 2017 年底 14 家企业全部完成淘汰工作。继续督促企业温室气体排放报送工作等。在能源领域节能低碳方面，深化能源审计，将能源审计范围扩大到园区 143 家年耗能 1000 吨至 5000 吨标煤的企业，帮助企业降低能耗、提高用能管理能力。组织动员企业开展多种形式的节能低碳能力建设，经过甄选并下达年度工作计划，全年开展能源管理体系建设企业达到4家。继续推广分布式光伏项目、分布式天然气项目、区域微网项目和储能项目。组织开展园区热网互联调研、编写苏州工业园区热网互联调研报告等。

苏州工业园区在交通、社区等领域均开展了大量的节能低碳推广与实践，包括引导和支持园区电动汽车充电设施运营工作，进一步规范了充电基础设施的建设与运营。继续开展园区低碳社区试点建设工作，辅导5家试点社区按照低碳试点社区验收要求进行验收审查。

二、南京高新区（园）

南京经济技术开发区成立于1992年，2002年升级为国家级经济技术开发区。南京市15个园区中国家级高新区有3个，分别是江北新区、新港高新园、江宁开发区高新园；省级高新区有4个，分别是徐庄高新区、麒麟高新区、白下高新区和高淳高新区；其余为市级高新区。2019年，南京高新区在国家高新区综合排名中提升五位，位列第15名，创2011年以来最好名次。2020年以来，高新区（园）主要经济指标占全市比重七成左右，同比增幅大于全市，是高技术产业、高成长企业发展的主要承载地，成为一片全域创新的"科创森林"，对疫情影响下的全市经济起到积极提振作用。

（一）创新主体聚集度高，同频共振体现"高"和"新"

截至2020年三季度，高新区（园）共拥有规模以上工业和服务业企业3021家，占全市规模以上工业和服务业企业总数的一半。

新型研发机构孵化引进企业能力强。2019年，园区内新增备案新型研发机构102家。15个高新区（园）均完成备案新型研发机构任务目标，6个园区超额完成，浦口、麒麟高新区完成率甚至达到200%。2020年前三季度，园区又新增备案新型研发机构52家，其中江北新区新增备案新型研发机构最多，有15家。2019年，新型研发机构新增孵化和引进企业共2858家，而2020年前三季度新增孵化和引进企业就已达到3538家，远超2019年全年总数。

园区高企净增数对全市贡献大。高新区（园）2019年净增高新技术企业

1221家，占全市高新技术企业净增数的78.2%。江北新区净增高新技术企业最多，占园区净增总数的19.7%，其次是江宁开发区高新园和溧水高新区。新增高新技术企业入培育库2210家。高新区（园）高新技术企业中规模以上企业占42.4%，该比重比全市高出0.9个百分点。2020年1—9月，园区入省高企培育库的企业共有2345家，为2020年新增高企储备了充足的后备力量。其中，最多的是江北新区，达到486家。

全市高技术产业在园区高度聚集。2020年三季度，高新区（园）拥有高技术制造业414家，占园区规上制造业企业数的24.1%，占全市规上高技术制造业企业总量的80.2%。园区规上高技术制造业企业数量最多的是三个国家级高新区（园）。高新区（园）拥有高技术服务业964家，占园区规上服务业企业数的75.1%，占全市规上高技术服务业企业总量的69.6%。园区规上高技术服务业企业数量最多的是雨花台高新区、徐庄高新区和江北新区。

（二）创新活跃度高，动能转化体现新潜力

高新区（园）发展动能从投资驱动向创新驱动转变，在保证高新技术产业投资的同时，更加注重企业研发创新，依靠创新驱动经济高质量发展。

全市超九成高新技术产业投资在园区。2019年，高新区（园）高新技术产业投资额为439.06亿元，占全市的比重超过九成。2020年1—9月，园区高新技术产业投资额同比增长18.0%，远高于全市5.5%的增长水平。分园区看，江北新区高新技术产业投资额独占鳌头，占园区的31.1%；其次高新技术产业投资额比较多的依次是溧水高新区、新港高新园、浦口高新区和江宁开发区高新园。

园区企业研发活跃度远高于全市水平。2020年三季度，有研发活动的园区企业占比达到68.5%，与全市相比，高出27.4个百分点。研发活跃度超过80%的有五个园区，从高到低依次是雨花台高新区、麒麟高新区、建邺高新区、江北新区、高淳高新区。2019年，园区企业与境外企业或机构合作开展创新的数量为62家，占全市的70.5%。13个园区有此类合作创新，数量最多的是江宁开发区高新园、新港高新园和江北新区。

（三）创新竞争力强，人财投入体现高水平

招才引智力度大。人才是创新发展的第一资源，是高新区（园）持续发展的活水源头，是创新竞争实力的重要方面。各高新区（园）积极落实"创业南京"英才计划、大学生创业"宁聚计划"、"345"海外高层次人才引进计划等，加快集聚一流创新人才。目前，一大批国际高层次人才向园区快速积聚，园区正成为吸引国际人才的"强磁场"。高新区（园）2019年新增引进高层次人才364人，占全市高层次人才总量的35.7%；外留学归国人员和外籍常驻人员38558人。

企业研发投入水平高。企业研发费用占营业收入比重，即研发投入强度，反映了一个区域自主创新水平和市场竞争力。2020年前三季度，高新区（园）规模以上企业研发投入强度达到3.28%，同比提高0.39个百分点，高出全市规上企业水平0.97个百分点。14个园区的研发投入强度高于全市水平，三个高新区（园）研发费用投入强度超过5%，其中徐庄高新区强度最高。

（四）创新成果丰硕，高技术产业展现新作为

园区高技术制造业产值占全市比重超九成。2020年前三季度，高新区（园）高技术制造业实现工业总产值2197.04亿元，同比增长30.4%，占全市高技术制造业产值的95.6%。新港高新园的高技术制造业最为发达，产值达到千亿元，占园区高技术制造业产值总量的45.5%，其次是江宁两个园区，江宁开发区高新园和江宁高新区。13个园区高技术制造业产值同比实现增长，其中涨幅最大的是建邺高新区，同比增长了4.7倍，其次是江宁高新区，同比增长了3.4倍。

园区高技术服务业营收占全市比重接近八成。2020年前三季度，高新区（园）高技术服务业实现营业收入1533.90亿元，同比增长13.6%，占全市高技术服务业营收的79.2%。高技术服务业营业收入最多、同比增幅最大的是雨花台高新区，营收超过500亿元，同比增长24.1%。此外，营收超过百亿元的还有建邺高新区，同比增长19.7%；江宁开发区高新园，同比增长12.1%；徐庄高新区，同比增长8.6%。

专利数量大质量优。2020年1—9月，高新区（园）企业新增发明专利授权数为3792件，超过2019年园区全年总数。其中，江宁开发区高新园最多，有619件，发明专利授权数超过500件的还有江北新区，达到565件。PCT专利申请是体现国际创新水平的重要指标，园区企业PCT专利申请量合

计 1750 件，最多的是江宁开发区高新园，申请了 419 件。

三、常州经济开发区

常州国家高新区是 1992 年 11 月经国务院批准成立的首批国家级高新区之一，2002 年 4 月，在高新区基础上设立了常州市新北区，实行"两块牌子、一套班子"的管理体制，是苏南国家自主创新示范区的重要板块。2015 年 6 月，常州市对部分行政区划进行调整，撤销戚墅堰区和武进区，成立新的武进区。为加快东部地区发展，设立常州经开区，作为市委、市政府的派出机构，委托武进区管理，武进区将横林、遥观、横山桥三个镇和潞城、丁堰、戚墅堰三个街道委托给经开区管理。地域面积 181.3 平方千米，常住人口约 42 万，其中户籍人口 23 万。

2021 年，常州经开区实现地区生产总值 1000.3 亿元，可比价增长 9.8%；一般公共预算收入 63.2 亿元，同比增长 13.0%；规模以上工业总产值 2309.6 亿元，同比增长 24.6%；固定资产投资同比增长 7.5%；注册外资实际到账 23082 万美元，同比增长 53.3%。常州经开区在 2020 年度全省省级经开区综合排名中跃居第 4 位，比成立时提升 56 位，其中经济发展指标连续两年保持全省第 1 位。

（一）常州经开区的区域特点

人文自然资源丰富。距今有 6000 多年历史的"常州第一村落"圩墩文化遗址位于境内，青城墩遗址入选江苏省文物保护单位；宗教文化源远流长，大林禅寺、白龙观等名胜古迹众多；拥有清明山、芳茂山等稀缺的山地资源以及大运河、宋剑湖等丰富的河湖资源，形成了历史文化底蕴深厚、山水资源禀赋独特的地方风貌。

工业经济基础扎实。作为苏南模式发源地之一，常州经开区产业特色鲜明，既拥有中车戚机公司、戚研所等"国字号"央企，又拥有中天钢铁集团、今创集团等大型民企。全区市场主体总数达 45799 家（其中企业 16412 家，个体工商户 29325 家）；入库税收超千万元企业超 100 家；上市企业 11 家，新三板挂牌企业 20 家。

区位交通优势突出。作为沪宁创新走廊与长江经济带的重要战略节点，常州经开区地处长三角一小时经济圈的核心，与南京、上海等距相望，东邻无锡市，与江阴、惠山接壤。离常州市主城区约15分钟车程，地铁2号线直达主城区、贯通常州东西。沪宁高速、常合高速、京沪高铁、沪宁城际铁路穿境而过，大运河、新沟河等河道南连太湖、北接长江，形成全方位、立体化的交通体系。

（二）常州经开区的"绿色"成效

1.生态环境持续优化

2019年，常州经开区坚持绿色发展理念，加大环境治理力度，绿色生态指标位列全省省级经济开发区第8位，比2018年提升13位。大气污染防治统一指挥、重污染天气提前预警等机制有效运行，全年削减煤炭消费总量51万吨，PM2.5浓度下降10.8%。新建污水主管网10千米，实现企事业单位污水接管600余家，完成老旧管网整治69千米，横林、横山桥、前杨三大污水处理厂日处理能力提升至6万吨。实施26条河道常态化活水调水，水系连通4条，国考五牧断面平均水质长期稳定在IV类水标准。《经开区水乡田园生态廊道实施性规划》通过专家评审，计划打造横山桥片区、横林片区生态廊道及纵向连接廊道的"两片一轴"南北向生态廊道系统，展现田园风光、水乡风情、古风乡韵。宋剑湖湿地生态修复二期工程、丁塘河环境综合整治工程完工，鹅颈湾湿地公园、革新河生态廊道等工程持续推进，芳茂山生态整治工程启动，中心城区、主要交通干线等覆绿造绿工程实施，新增绿化面积400多公顷。光大环保垃圾焚烧发电项目创新实践案例入选中组部编印的《贯彻落实习近平新时代中国特色社会主义思想、在改革发展稳定中攻坚克难案例》丛书，光大环保技术装备（常州）有限公司被工业和信息化部认定为第四批绿色工厂。整改中央和省级环保督察反馈问题，立案查处环境违法行为150起。

2.加快产业绿色转型升级，提高企业综合竞争力

在节能电机制造产业，依托江苏雷利等大型企业，初步建成集研发、定型、配件生产、整套装配、销售、培训、品牌维护等为一体的智能微电机产业链；在绿色建筑材料产业，以横林镇崔桥片区为主要承载体，通过土地规划和政策引导促进企业加大创新投入，重点推进节能墙体材料、外墙保温材料、节

能玻璃等新型绿色建筑材料产业的发展；在新能源汽车关键零部件制造产业，招引落地坤泰汽车等新能源汽车零部件龙头企业，建设坤泰新能源汽车变速箱、星源锂离子电池隔膜、凯迪驾驶智能辅助系统等一批重大项目，构建具有自主可控的新能源汽车关键零部件产业链。

3. 建立绿色技术创新体系，构建绿色产业链

在智能电网产品及装备产业领域，引导和推动博瑞电力等区内重点龙头企业转型发展，联合建立涵盖发电、输电、配电、用电、储能的智能电网综合集成示范工程，在全国范围内率先形成智能电网多个领域技术的综合测试、实验和示范基地；在太阳能发电装备制造产业领域，以赛拉弗光伏等企业为代表，聚集了一批新型能源发展型企业，在稳步发展硅片、电池片及太阳能组件生产制造的同时，重点拓展薄膜太阳能电池、光伏发电系统组件及下游光伏应用产品的研发和产业化项目，形成集群发展优势；在钢铁产业领域，以中天钢铁为代表，加强政策引导，加大资金投入，大力发展节能减排、循环利用工程。

第六章　江苏省绿色绩效评价

第一节　江苏省绿色发展评价体系构建

为实现经济社会的高质量与长期可持续发展，2012 年 11 月，党的十八大作出"大力推进生态文明建设"的战略决策。2014 年，中央成立全面深化改革领导小组，负责改革的总体设计、统筹协调、整体推进、督促落实。在强调经济发展"数量"的同时，关注发展的"质量"，发展的生态效率，发展的绿色化，已是刻不容缓的任务。2015 年 3 月 24 日，中共中央政治局会议首次提出发展的"绿色化"，这是继党的十八大提出"新型工业化、城镇化、信息化、农业现代化"战略任务后，中央正式提出"绿色化"发展的"五化协同"新要求。2015 年 5 月 5 日，中共中央、国务院正式发布《关于加快推进生态文明建设的意见》，同年 9 月 22 日又印发了《生态文明体制改革总体方案》，将生态文明建设由顶层设计推进到了具体任务布置上。2015 年 10 月 29 日，习近平在党的十八届五中全会第二次全体会议上，鲜明提出了"创新、协调、绿色、开放、共享"五大发展理念。2016 年 12 月 22 日，中共中央办公厅、国务院办公厅联合印发了《生态文明建设目标评价考核办法》，要求各省、自治区与直辖市加快绿色发展，推进生态文明建设，规范生态文明建设目标评价考核工作，并于 2017 年第三季度发布"生态文明建设目标评价指标体系"。年度评价将按照绿色发展指标体系实施，主要评估各地区资源利用、环境治理、环境质量、生态保护、增长质量、绿色生活、公众满意程度等方面的变化趋势和动态进展，生成各地区绿色发展指数。"绿色发展"已不仅仅停留在宏观政策导向层面，其目标设定、具体要求及其相关措施将成为各级政府的工作重点之一。党的十九大首次把美丽中国作为建设社会主义现代化强国的目标之一，把坚持人与自然和谐共生纳入新时代坚持和发展中国特色社会主义基本方略。之后，污染防治成为全面建成小康社会和推动经济高质量发展的三大攻坚战之一，中国污染治理力度之大、制度出台频度之密、监管执法尺度之严、环境质量改善速度之快前所未有，推动中国生态文明事业发展实现历史性、转折性、全局性变化。

联合国环境规划署发布的绿色发展报告（The Green Economy Progress Measurement Framework，GEP）中指出，跨越"地球边界"、持续的贫困问题和不公平的分配越发影响人类生活。包容性绿色经济（Inclusive Green Economy）是当前一代人应对以上三大主要挑战给出的综合性解决对策，是实现《2030可持续发展议程》这一总体目标下消除贫困，避免突破生态阈值，保证人类的健康、幸福和发展三大挑战的主要途径。为了评估绿色经济，联合国环境规划署提出了一套与联合国可持续发展目标（SDGs）密切相关的GEP评估框架，用19个涵盖经济、社会和环境三个维度的指标对区域绿色发展水平展开评估。其中，绿色贸易、绿色技术创新、可再生能源供给、能源利用、资源足迹5个指标属于经济维度；帕尔玛比率、性别平等、社会保障、教育、预期寿命、基础设施建设6个指标属于社会维度；环境维度则包括空气污染、自然保护区、取水量、土地利用、生态足迹、温室气体排放、氮排放、包容性财富指数8个指标。GEP指标框架还从"衡量现状"和"预测未来潜力"的两个角度出发评估绿色发展，用以衡量现状的指标归为绿色经济指标框架内，包括绿色贸易、绿色创新等13个指标；预测未来潜力的指标框架则包含了能够表征可持续发展性的指标，包括温室气体排放、包容性财富指数、氮排放、土地利用、生态足迹和取水量6个指标。在指数计算方法上，该框架更加重视评估发展过程而非评估结果。2016年，联合国环境规划署完成了国家层面绿色发展指数的评价（2015年度）。

本章中的绿色发展评估指标体系，是以联合国环境规划署发布的GEP评估框架和指标选取原则为基础，借鉴中国绿色发展指标体系，以有连续稳定公开渠道为标准，结合江苏省特点进行指标甄选最终形成的，然后运用GEP

评估的指数计算方法，对江苏省及省内地级市 2015—2017 年的绿色发展进行评估。本指标体系中，得分以 0 和 1 两个分值为分界。大于 1 分为超额完成目标，等于 1 分为恰好完成目标，0—1 分为存在进步但尚未完成目标，等于 0 分为维持不变；小于 0 分为存在退步。该分界既可用于 GEP 总分，也可用于单项指标 GEP 得分的分析。

第二节　江苏省省级绿色发展水平评估

2015 年和 2017 年江苏省绿色经济和 GEP+ 指标框架得分均超过 1 分，超额完成目标；2016 年江苏省在绿色经济、可持续发展和 GEP+ 中都取得了进步但并没有完成目标。其中只有 2016 年可持续发展得分情况优于绿色经济和 GEP+，同时只有可持续发展指标框架三年内得分先增加后减少，绿色经济和 GEP+ 的情况均与其相反，为先减少后增加。

在 2017 年江苏省单项指标得分情况中，除去土地利用指标得分为负，视为退步，其他指标得分均为正，并且绿色创新、可再生能源供给、能源利用、收入、社会保障、温室气体排放和取水量得分均超过 1 分，提前完成目标。

2015—2017 年江苏省市级绿色发展得分情况。在 2015—2017 年江苏省 13 个地级市绿色经济指标框架得分情况中，各市的绿色经济得分均为正，表明江苏省 13 个市在绿色经济层面都有进步，并且苏州市 2016—2017 年连续两年得分超过 1 分，表示其超额完成目标。13 个市中南京、无锡、徐州、连云港和镇江连续三年指标得分持续增加，进步速度稳步提升；南通、淮安、盐城、扬州和泰州则在 2016 年进步较快；评价期内苏州连续三年绿色经济得分为全省最高。在可持续发展框架得分情况中，南京、无锡、徐州、苏州、盐城、镇江、泰州和宿迁 2015—2017 年三年的指标框架得分均为正向，但进步程度差别较大。其中淮安 2015 年得分超过 1 分，苏州 2016—2017 年两年内可持续发展得分超过 1 分，徐州和连云港 2017 年得分超过 1 分，视为超额完成目标；常州、南通、连云港、淮安和扬州 2015 年可持续发展框架指标得分为负，以南通的 –0.23 分退步最大；淮安则是经历了 2015—2016 年两年内较大的得分下降之后在 2017 年转为 –0.17 分；徐州、无锡和镇江

2015 年和 2017 年的得分都高于 2016 年，且 2017 年出现明显快速进步；南京、苏州、盐城、扬州和泰州则相反，这四个城市的可持续发展得分在 2016 年为最高。值得注意的是，在 2016 年，江苏省大部分城市在二氧化硫排放量、化学需氧量排放量和氨氮排放量指标得分中均表现良好。以南京为例，南京 2016 年二氧化硫排放量、化学需氧量排放量和氨氮排放量得分比 2015 年得分高出很多，取得了非常快的进步，并且 2016 年和 2017 年两年的得分均超过了 1 分，超额完成目标，尤其 2016 年二氧化硫排放量得分为三年内所有指标中最高。PM2.5 年平均浓度是代表大气污染的指标之一，属于绿色经济指标框架。2015 年江苏省 13 个市的指标得分均超过 1 分，全部超额完成目标；2016 年只有盐城、南通和苏州的得分超过 1 分，其他 10 个城市均取得进步；2017 年镇江、盐城和徐州的得分为负，这三个城市 PM2.5 年平均浓度相较上一年均有增长，视为退步。根据联合国环境规划署的 GEP 指标框架，生态足迹是能够表征可持续发展性的指标之一。连云港和泰州在 2015 年的生态足迹得分为负，而在 2016 年转负为正，并且在 2017 年继续取得了更高的得分；宿迁则是在 2016 年得分为负，出现了退步的现象。无锡是唯一一个指标得分超过 1 分且是连续三年得分均高于 1 分的城市，表示无锡在生态足迹方面表现良好，指标评估的三年内都超额完成目标。

江苏省绿色发展水平在评价期内（2015—2017 年）持续进步。2017 年，"绿色发展综合指数"（GEP+）得分超过 1 分（超额完成目标），"绿色经济"（GEP）得分（超过 1 分）和"可持续发展"得分（接近 1 分），表明江苏省绿色发展整体情况达到或超过国家和地方要求，这佐证了当地推动绿色发展的持续努力。

评价期内江苏省大部分单项评价指标进步较快。其中，2017 年"可再生能源供给"得分最高，这得益于江苏各市对可再生能源领域的关注和扶持：苏州、无锡、徐州、常州、盐城、镇江、扬州、南通和连云港近年来大力推进能源结构转换，实施节能改造和清洁能源替代，积极探索新能源综合利用，持续推动当地清洁能源发展。其他进步较快的指标包括"绿色创新""能源利用""收入""社会保障""温室气体排放"和"取水量"等。

　　江苏省 2017 年"氮排放"和"大气污染"两项指标较 2016 年有所进步，但未达预期。江苏省及大部分地级市"土地利用"指标有所退步，未达预期。江苏省部分城市部分年份"取水量"指标退步，未达预期。

　　江苏省各市绿色发展水平整体有所进步，绿色发展水平存在差异但尚不悬殊，其中，苏州市表现最为突出。

第七章 江苏省生态保护绿色发展任务与保障措施

第一节 江苏省绿色发展任务

《江苏省"十四五"工业绿色发展规划》明确提出绿色发展任务包括以下内容。

一、构建绿色产业结构

以推动制造业高质量发展为目标，多措并举加快产业结构调整，培育壮大先进制造业集群，深入实施数字化转型和智能化升级，促进产业整体向中高端迈进。

（一）加快传统产业转型升级

加快落后产能退出，严格落实国家落后产能退出的指导意见，依法依规淘汰落后产能和"两高"行业低效低端产能。着力推动传统产业绿色化转型，实施绿色化提升工程，实行产品全生命周期绿色化管理，增强绿色发展新动能。严把能耗过快增长关，新上高耗能项目必须达到强制性能耗限额标准先进值和污染物排放标准先进值；对未完成上年度能耗强度目标任务的地区，实行区域高耗能项目限批。大力发展先进制造业，加快培育先进制造业集群，重点打造万亿级产业集群，实施集群发展促进机构培育计划，构建开放高效的集群创新服务体系。推进"531"产业强链递进培育工程，产业链供应链自主可控能力有效提升。大力发展战略性新兴产业，加快技术迭代和产业升级。

（二）优化重点区域布局

系统谋划沿江、沿海和苏北地区高质量发展，走生态优先、绿色发展、特色彰显的新路子,形成多极增长、双向支撑新格局,进而实现"江强海兴""南北均衡"发展。提升沿江制造业绿色发展水平,推动产业向价值链中高端攀升,高标准培育先进制造业产业集群,打造长三角北翼高端制造产业带。打造沿海高质量发展增长极,大力发展新型海工装备、海洋药物和生物制品、海水淡化装备等海洋特色产业,推进化工、钢铁等临港产业高端绿色化发展,着力打造高水平的产业发展示范带。加快苏北产业绿色发展,支持苏北地区优势产业链强链补链延链,高起点发展先进制造业集群,因地制宜加快特色产业振兴,推动传统产业加快绿色转型升级。

(三)推进产业数字化智能化转型

有效引导企业进行数字化转型和智能化升级,坚持补短板、锻长板,激发企业积极性和内生动力。深入实施智能制造工程,开展智能制造进园区、进集群专项行动,推进制造业数字化网络化智能化,推进示范智能车间、智能工厂建设,加强标杆示范引领。加快信息化、工业化深度融合,推动先进工艺、信息技术与制造装备融合发展,带动通用、专用智能制造装备加速研制和迭代升级。加快数字化智能化服务体系建设,建设一批智能制造、工业互联网综合服务平台,培育一批智能制造领军服务机构,加快智能制造新模式的推广应用。

二、提升绿色制造水平

以全生命周期管理理念,推行生产方式绿色化、生产过程绿色化、生产装备绿色化,系统提升工厂、产品、园区和供应链等绿色发展水平,加快构建绿色制造体系。

(一)推动生产方式绿色化

聚焦节能、降碳、减污目标,以管理和技术为手段,实施生产全过程污染控制。推广绿色设计理念,在产品设计开发环节,系统考虑优先选择使用绿色清洁能源和原材料,推动生产企业采用减量化、无害化的高效清洁工艺技术,提高生产制造过程绿色化水平,最大限度减少污染物产生和排放。以数字化智能化绿色化融合发展带动能源资源效率提升,推动关键工艺装备智能感知和控制系统、制造流程多目标优化、经营决策优化,实现生产过程物质流、能量流等信息采集监控、智能分析和精细管理。以工业园区和产业集中区为重点完善产业生态链接，加强余热余能回收利用、能量梯级利用、水资源循环利用、废弃物综合利用。推动在役工业燃煤锅炉、窑炉实施天然气、电能替代。引导企业清洁原料替代，推进重点行业有毒有害物质限制使用，加强电器电子产品中铅、镉、六价铬等有害物质限制使用管理。在生态环境影响大、产品涉及面广、产业关联度高的行业，创建绿色设计示范企业，探索行业绿色设计路径，带动产业链、供应链绿色协同提升。

（二）推动生产过程绿色化

实施清洁生产水平提升工程，围绕挥发性有机物、化学需氧量、氨氮、重金属等污染物排放量大的工艺环节，开展源头控制与过程削减协同工艺技术研发和应用示范，降低污染物排放强度。开展清洁生产审核，实施清洁生产方案，实施污染物削减提标改造，实现有组织排放全面达标、无组织排放有效管控。传统产业集聚区和工业园区根据产业结构特征建设集中喷涂中心等共享"绿岛"。实施末端治理设施升级改造，聚焦烟气排放量大、排放成分复杂、治理难度大的重点行业，开展多污染物协同控制应用示范。深入推进钢铁、水泥等重点行业超低排放改造。聚焦工业废水排放量大、涉重金属及有机物废水的重点行业，开展废水高效处理循环利用全过程综合控制应用示范，逐步推进印染、造纸、化学原料药、煤化工、有色金属等行业实施超低排放改造。

（三）推动生产装备绿色化

突出钢铁、石化、化工、建材、印染、机械等行业，加大新一代清洁高效、安全绿色生产工艺技术装备推广力度。钢铁行业重点深化热装热送、连铸连轧技术研发应用，推广无头轧制、富氧冶金，有序发展短流程工艺。铸造、热处理等领域重点发展近净成形、数字化无模铸造、增材制造、铸件余热时效热处理等制造技术。水泥行业重点推广辊压机终粉磨、高效低氮预热分解及先进烧成、新一代高效篦冷机等先进适用技术装备。纺织印染行业重点推广小浴比染色、短流程染色、逆流水洗、分段浴比、喷墨打印和低水位染色、三合一纱线快速漂白等少水无水工艺。推广高效节能锅炉、电力变压器、风机、空气压缩机等高效用能设备，优化系统匹配，实施变压器能效提升计划，新增高效节能变压器占比达到 75% 以上。

（四）建设绿色制造体系

推进绿色工厂建设，按照厂房集约化、原料无害化、生产洁净化、废物资源化、能源低碳化原则，全领域全面培育绿色制造标杆，充分发挥示范引领作用，提升行业整体绿色化水平。推进绿色产品开发，开展绿色设计示范试点，在产品设计开发阶段系统考虑全生命周期各个环节对资源环境造成的影响，实现产品对能源资源消耗最低化、生态环境影响最小化、可再生率最大化。推进绿色园区建设，培育一批创新能力强、示范引领作用好的绿色园区，形成各具特色的工业园区绿色发展模式，发挥绿色园区示范作用，强化绿色产业园区建设推进机制，鼓励采用现代信息技术，建立区域能源监控中心和环境监测网络，提高园区绿色建筑和可再生能源使用比例，提升园区能源资源利用效率，打造绿色智慧园区。推进绿色供应链建设，以行业龙头企业为核心，以绿色供应标准和生产者责任延伸制度为支撑，加快建立以资源节约、环境友好为导向的采购、生产、营销、回收及物流体系，建立绿色供应链管理体系。

绿色产品开发工程。选择量大面广、与消费者紧密相关、条件成熟的产品，开展绿色设计示范，开发绿色产品，创建一批绿色设计示范企业。鼓励企业全面按国家绿色产品评价标准开发生产绿色产品，建立合理的绿色产品遴选、认定和推荐机制，加强事中事后监管，确保绿色产品供给质量。

绿色工厂建设工程。在化工、冶金、建材、纺织、高端装备制造等重点制造领域选择一批基础好、代表性强的企业开展绿色工厂创建，实现工厂绿色发展，到 2025 年，创建国家级绿色工厂和省级绿色工厂 1000 家。

绿色园区建设工程。强化国家级绿色园区和省级绿色园区的示范作用，在省级以上工业园区全面建设绿色园区，推动园区绿色化、循环化和生态化改造，建设完善绿色共享基础设施，实现废水集中治理、中水回用、余热余压资源梯级优化利用和固废综合利用。到 2025 年，创建 10 家国家级绿色园区。

绿色供应链示范工程。在汽车、电子、化工、机械、大型成套装备等行业选择一批代表性强、行业影响力大、经营实力雄厚、管理水平高的龙头企业，开展绿色供应链示范企业建设，并择优创建一批国家级绿色供应链管理企业。

三、加快产业低碳转型

以"30·60"碳达峰碳中和目标为导向，严格落实能耗总量和强度"双控"目标责任，制定工业低碳行动计划，围绕重点行业低碳发展路径，开展低碳建设试点示范，优化工业用能结构和生产过程，从源头减少重点行业二氧化碳排放。

（一）加快重点行业低碳转型

深入落实国家和省碳达峰行动方案，编制钢铁、建材、石化化工、数据中心/5G 新基建等重点行业碳达峰实施方案。钢铁行业有序引导电弧炉短流程炼钢工艺发展，优化原燃料结构，推动钢铁生产副产资源能源与建材、石化化工等行业深度耦合。建材行业加强原料、燃料替代，推广水泥窑协同处置固废技术，研发推广新型低碳胶凝材料和高效混凝土。石化化工行业开展绿氢炼化、二氧化碳耦合制甲醇等化学品示范工程，加快推动减油增化，加大高端绿色化工产品供给。新基建领域加强统筹规划合理布局，加大对基础设施资源的整合调度，推动老旧基础设施转型升级，加快基础研究，加大关键核心技术研发和推广应用，打造绿色低碳新基建。推动非化石能源替代，重点推广生物燃料、垃圾衍生燃料等能源在重点领域规模化应用。

（二）开展低碳发展试点示范

推广综合能源系统建设，结合绿色园区、绿色工厂创建活动，开展工业绿色低碳智能微电网建设，鼓励园区、工厂发展光伏建筑一体化、多元储能、高效热泵、余热余压利用、智慧能源管控系统等，推动工业余热余能梯级和多能互补综合利用。开展低碳示范项目，重点建设"光伏+"、微电网应用、氢储能及加氢站试点、便捷充换电池基础设施、近零排放、二氧化碳大规模捕集和高值化利用试点等示范项目。开展碳达峰示范建设，探索开展"近零碳园区（工厂）"和"碳中和工厂"建设，鼓励有条件的工业园区率先达峰，选择有条件的地区和工业园区开展"碳排放达峰先行区"创建示范。

重点行业碳达峰行动。编制钢铁、石化化工、建材数据中心/5G 新基建等重点行业碳达峰实施方案，研究提出重点行业碳排放峰值，明确达峰时间、路线图和政策措施，重点高耗能行业率先达峰。

钢铁行业。采用成熟可行的先进节能技术，开发并推广突破性减碳技术，加快推广应用数字化、信息化技术；优化生产流程和原燃料结构，提升废钢应用比例，提高余热余汽利用效率，提升自发电比例，推广终端设备电动化。探索富氢富氧冶金、碳捕集／封存技术在钢铁行业的应用。

石化化工行业。依托石化基地，以大型炼化一体化项目为龙头，下游烯烃产业链、芳烃产业链、化工新材料和精细化学品产业链等协同发展，结合碳捕集封存与利用项目，打造二氧化碳近零、净零排放示范工程。

水泥行业。巩固去产能成效，严格执行产能减量置换等压减过剩产能的产业政策。引导使用新型低碳水泥替代传统水泥，开展水泥生产原料替代，利用工业固体废物等非碳酸盐原料生产水泥，减少生产过程二氧化碳排放。推广辊压机终粉磨技术（辊压粉磨技术）、高效低阻旋风预热器、高能效分解炉及第四代冷却机等技术和装备在水泥行业的应用。

四、深化工业领域节能

以提高能源利用效率为目标，加快节能技术改造，强化重点用能管理，持续推进能耗在线监测建设，实施能效"领跑者"行动，加强节能监察，强化结果运用，创新节能服务机制，全面推动工业能效变革。

（一）强化企业节能主体责任

重点用能单位制定并实施年度节能计划和节能措施，确保完成能耗总量控制和节能目标。提升企业节能基础能力，制定完善节能管理规章，明确能源管理职责，推进能源管理体系和能耗在线监测管控系统建设，加强数据运用，实现能源管理智慧化。提升企业用能水平，深挖节能潜力，开展能源审计，按时报送能源利用状况报告，主动淘汰落后生产工艺和用能设备。

（二）实施工业节能技改工程

全面推进传统行业节能技术改造，在钢铁、石化、化工、建材、纺织、造纸等领域实施一批重点工程。实施能效提升工程，重点进行燃煤锅炉节能环保综合提升、绿色照明、能量系统优化、重点用能单位综合能效提升等工程，推进能源综合梯级利用。加快应用先进节能低碳工艺技术和装备，提升锅炉、变压器、电机、泵、风机、压缩机等重点通用设备系统能效。深入开展工业领域能效领跑行动，遴选发布重点行业能效"领跑者"名单，推动重点用能企业持续赶超引领。

（三）完善节能监管和服务机制

落实节能目标责任，将能耗总量控制和节能目标分解到重点用能单位，对重点用能单位实行节能目标责任制和节能考核评价制度。加强节能监察，实施高耗能行业重点用能单位、重点用能设备节能监察全覆盖，强化结果运用，确保严格执行能耗限额标准，依法淘汰落后高耗能用能设备。推进节能服务产业发展，建设技术需求及技术创新供给市场服务平台，积极推广节能技术和产品。开展节能服务进企业活动，围绕主要工序工艺、重点用能系统、关键技术装备，组织全面诊断和专项诊断相结合的工业节能诊断，全面提升企业能效水平。大力推行合同能源管理，鼓励采用先进适用节能技术对主要耗能工艺装备进行节能技改。

节能改造和能效提升。实施窑炉节能改造，提高工业锅炉能源效率；实施电机（水泵、风机、空压机）系统调节方式，采用高效设备、对电机系统、汽轮发电机系统等实施整体优化等节能改造；实施中低品位余热余压回收利用技术改造；推进能源梯级利用，开展综合能源系统试点，按照能源梯级利用、系统优化原则，对能量系统的能源流、物质流、信息流实施协同优化。采用技术成熟的半导体通用照明产品等高效照明产品，高效照明控制系统，以及采用自然光为光源等实施各类场所的照明节能改造。

能效领跑行动。在重点用能行业实施能效领跑行动，开展企业能效对标达标，定期发布领跑企业名单及其指标，引导企业实施节能技术改造。发布江苏省节能技术产品推广目录。

重点用能单位能耗在线监测。深化能耗在线监测系统建设，实现全能源品种在线监测，促进信息技术与节能工作深度融合，推动企业能源智慧管理，优化生产调度和生产工艺，制定科学有效的节能方案，提高能源管理精细化水平和能源利用效率。

五、推进资源集约利用

以减量化、资源化、循环化理念，推动工业节水改造和废水回用，推动一般大宗工业固体废物资源综合利用，推进再生资源高效高值回收利用，加快动力电池回收利用体系建设。

（一）大力开展工业节水行动

实施定额用水制度，对超过用水定额标准的企业分类分步限期实施节水改造，建设项目严格执行工业用水定额先进值指标，鼓励重点用水企业、园区建立智慧用水管理系统。加强用水管理，科学制定用水定额并动态调整，实行严格的计划用水管理和用水报告制度，组织专项监督检查。支持企业开展废水"近零排放"改造，优化工艺和循环冷却水利用，强化过程循环和末端回用，推动企业加强废水资源化利用，支持有条件的园区、企业开展雨水集蓄利用等非常规水源利用。大力培育和发展工业水循环利用服务支撑体系，积极推动高耗水工业企业广泛开展水平衡测试、用水审计及水效对标，定期遴选水效领跑者，推进节水型企业和节水型园区建设。

（二）加强固体废弃物综合利用

推进重点行业工业固废减量化，加强可循环、可降解材料及产品开发应用推广，减少工业固废产生量。推动大宗工业固废资源化利用，重点围绕粉煤灰、工业副产石膏、钢渣、化工废渣等大宗工业固废，加快推广规模化高值化综合利用技术、装备，积极拓展综合利用产品在冶金、建材、基础设施建设、地下采空区充填、土壤治理、生态修复等领域的应用。推动大宗工业固废区域协同处置，以龙头骨干企业为依托，推进建设工业资源综合利用基地，探索建立基于区域特点的工业固废综合利用产业发展模式，对接落实长三角一体化发展战略，强化跨区域协同，扩大综合利用规模。加大推动工业固废综合利用技术创新，因地制宜推进水泥窑、钢铁窑炉、砖瓦隧道窑等工业窑炉协同处置一般工业固废、生活垃圾、城市污泥、淤泥等废物。实施工业固体废物资源综合利用评价，推动有条件的地区率先实现新增工业固废能用尽用、存量工业固废有序减少。

（三）推进再生资源高效高值化利用

加快建设再生资源回收利用体系，推动资源要素向优势企业集聚，引导再生资源利用企业规范化发展。鼓励再生资源产业园区建设，培育发展龙头骨干企业，引导小微企业入园，积极开发高值化再生产品，着力延伸再生资源产业链。落实生产者责任延伸制度，加快废旧资源回收体系建设，推动传统销售企业、电商、物流公司等主体利用销售配送网络，建立逆向物流回收体系。推进区域协作，鼓励回收企业与国家"城市矿产"示范基地等利用企业建立战略合作，促进回收与利用的有效衔接。推广"互联网＋"技术，支持再生资源企业利用互联网、物联网技术，建立线下线上融合的回收网络。鼓励开展供应链管理，形成部分重点品种上建回收网络、中联物流、下接利废产业的产业链，拓宽企业发展空间，稳定和保障再生资源供应。

（四）加快发展智能再制造产业

加强高端智能再制造标准化工作，鼓励研制高端智能再制造基础通用、技术、管理、检测、评价等共性标准。培育高端智能再制造技术研发中心，开展绿色再制造设计，进一步提升再制造产品综合性能。加强再制造产业化发展，重点围绕发动机、工程机械等领域，加快再制造智能设计、评估、检测，以及智能拆解清洗、增材加工等技术装备研发和产业化应用。鼓励构建用户导向的再制造产品质量管控与评价应用体系，促进再制造产品规模化应用，建立与新品设计制造间的有效反哺互动机制。

（五）加快动力电池回收利用工作

编制出台《江苏省动力电池回收利用五年行动计划》，建立以区域中心站为核心，覆盖全省的动力电池回收利用网络体系，实现退役动力电池全部回收。建立全产业链的溯源管理平台，实现全方位监管，将低速车电池等纳入监管体系。培育一批动力电池回收利用骨干企业。突破退役动力电池拆解、梯次、再生关键共性核心技术装备。加快动力电池回收利用基础能力建设，构建本地特色的标准体系，培育一批检测认证机构。

工业节水技术升级改造工程。针对钢铁、纺织印染、造纸、食品等重点行业实施节水治污改造工程，实施用水企业水效领跑者引领行动，推进节水技术改造，加强非常规水资源利用。

再制造产业发展。以张家港国家再制造产业示范基地为依托，以汽车零部件再制造为核心，建成具有国际影响力的再制造产业示范基地和完备的"绿色产业链"。

再生资源高水平发展。以钢铁、废油脂、废塑料、废旧轮胎、建筑垃圾为重点，推行绿色化生产方式，高效高值利用再生资源。形成一批共性关键核心技术装备，打造一批再生资源利用骨干企业。

资源循环利用基地建设。以扬州市、江阴市秦望山产业园、常州市新北、连云港市东海县、新沂市、无锡市惠山、徐州市等7个资源循环利用基地为抓手，鼓励资源循环利用基地建设。将基地打造成一个回收网络完善、产业循环链合理、技术水平领先、基础设施与公共服务共享化的资源循环利用示范基地，成为集多种资源循环利用产业与业态为一体的绿色低碳循环产业体系建设示范区。

六、加强绿色制造创新

以提升制造过程中绿色化水平、提高产业竞争力为目标，推动绿色低碳技术创新应用，紧跟全球新一轮科技革命方向，激发市场主体创新活力，强化科技创新对工业绿色发展的支撑作用。

（一）构建绿色技术创新体系

制定绿色制造产业指导目录、绿色技术推广目录、技术与装备淘汰目录，引导绿色制造技术创新方向，推动各行业技术装备升级。落实揭榜挂帅制度，发布关键核心技术指南，围绕国家和省级节能减排重大需求的关键领域和"卡脖子"环节，明确补链强链的重点领域和主攻方向，切实强化共性技术供给。构建以企业为主体的产业创新体系，引导龙头企业围绕市场和产业发展需求，牵头整合产业链上下游各类创新资源，着力解决关键共性技术难题。建立绿色技术创新风险保障机制，争取政策性银行资金支持，引导金融机构加大对企业采用新技术进行节能减排、污染治理技术应用支持力度。

（二）加强绿色制造关键核心技术攻关

实施绿色技术创新攻关行动，鼓励企业与高校、科研院所、产业园区深度合作。推动产学研协同创新，加强国际先进节能环保技术的引进、吸收和再创新，开发推广一批适合我省行业特色的清洁生产先进技术和装备。加强绿色制造基础领域技术研究，从材料、工艺、装备等方面瞄准绿色发展中的难点、痛点，集中优势力量攻克技术难关，形成一批压箱底的技术，转化一批先进适用技术，储备一批前沿技术。提高核心技术竞争力，围绕制约产业绿色发展的关键技术和装备，在高效电机及拖动设备、余热余压利用、高效储能、智能优化控制、智能电网等领域加大研发，推动研制一批具有自主知识产权、国内和国际先进水平的关键核心绿色技术，培育一批有核心竞争力的骨干企业。

（三）完善绿色技术全链条转移转化机制

建设绿色制造技术、专利池，推动知识产权保护和贡献。建立以技术咨询、设施运营、人才培训和信息发布统计等为主要内容的绿色制造服务业平台，开展网上教育培训与咨询服务，加快专利转化和技术交易。采取政府购买服务等方式，健全绿色技术创新公共服务体系，扶持初创企业和成果转化。引导各类天使投资、创业投资基金、地方创投基金等支持绿色技术创新成果转化，大力推广采用能源托管、服务外包等模式，加速科技成果转化应用。落实首台（套）重大技术装备保险补偿政策措施，支持首台（套）绿色技术创新装备示范应用。大力推广新技术应用，鼓励企业生产过程中使用原创性、引领性等技术，最大限度把创新成果转化成现实生产力。

实施绿色技术创新攻关工程。鼓励企业与高校、科研院所、产业园区深度合作，推动产学研协同创新，围绕节能环保、清洁生产、清洁能源、生态保护与修复、绿色基础设施等领域，开发攻关一批适合我省行业特色的清洁生产关键核心技术和装备。

绿色技术创新人才培养工程。加强绿色制造技术创新人才培养，在高校设立一批绿色制造技术创新人才培养基地，加强绿色技术相关学科专业建设，持续深化绿色领域新工科建设，主动布局绿色技术人才培养。选好用好创新领军人物、拔尖人才，选择部分职业教育机构开展绿色技术专业教育试点，引导技术技能劳动者在绿色技术领域就业、服务绿色技术创新。

绿色技术创新成果转化工程。落实首台（套）重大技术装备保险补偿政策措施，支持首台（套）绿色技术创新装备示范应用。采取政府购买服务等方式，健全绿色技术创新公共服务体系，扶持初创企业和成果转化。

绿色技术创新金融支持工程。引导各类天使投资、创业投资基金、地方创投基金合理确定绿色技术贷款的融资门槛，积极开展金融创新，支持绿色技术创新企业和项目融资。鼓励保险公司开发支持绿色技术创新和绿色产品应用的保险产品。鼓励地方政府通过担保基金或委托专业担保公司等方式，对绿色技术创新成果转化和示范应用提供担保或其他类型的风险补偿。

七、发展节能环保产业

以加大绿色低碳产品、服务供给为目标，提升基础原材料和基础零部件、重大装备和核心技术保障能力，加快节能环保装备研发制造，促进制造与互联网、服务业融合发展，打造国内领先的节能环保产业高地。

（一）支持企业特色发展

加大龙头企业培育力度，引导优质资源集聚，有效发挥大企业大集团引领带动作用，鼓励一批规模大、技术新、实力强的龙头骨干企业、产业链"链主"企业做大做优做强，进一步发挥品牌、人才、市场、资金优势，从设备制造商向综合服务商发展，提高国内外市场综合竞争力。支持差异化发展，引导中小企业向"专精特新"方向转型，围绕产业亟须领域培育一批专精特新小巨人和单项冠军，通过一项技术、一种材料、一个零部件和一件产品的关键性突破，带动全产业链水平整体提升。打造良好产业生态圈，依托行业协会等社会组织，规范环保企业经营行为，形成龙头企业引领、中小企业配套、产业链协同发展的良好产业生态，促进节能环保产业健康发展。

（二）推进园区提档升级

完善服务保障和政策供给，发挥园区在汇聚生产要素、优化资源配置、营造产业生态等方面积极作用，进一步深化"放管服"改革，强化园区服务体系建设，加强市场诚信和行业自律机制建设，营造公平竞争的市场环境。持续开展精准补链，瞄准细分领域和上下游精准选择进驻企业，通过引进培育一批可填补我省产业链空白、或能显著提升关键技术水平的创新型企业，有效打通产业链。高效发挥协同优势，采用云计算、大数据、物联网等现代信息技术，打造智慧化园区，建立产业集群协同机制，推动区域产业链供应链企业协同采购、协同制造、协同物流，促进技术、人才、资本等各类要素在企业之间高效流动和有效配置。

实施产业强链行动计划。聚焦水污染防治设备、高效节能装备、大气污染防治设备、固体废弃物处理设备等四大产业链，实施产业强链计划。成立产业强链专班，实施引航企业培育计划，支持龙头企业强创新、优品牌、促转型，培育一批掌握全产业链和关键核心技术的产业生态主导型企业，增强产业链细分领域主导能力，促进产业链上下游联动发展。

实施"壮企强企"工程。聚焦产业链终端产品特别是整机装备，大力培育一批技术引领型、市场主导型的"链主"领军企业。支持企业瞄准行业关键环节、关键领域，开展核心技术研发、工艺升级、产品迭代、模式创新，积极培育行业隐形冠军。大力支持中小微企业走专精特新发展之路，完善小微企业、初创企业支持制度和服务体系，着力培育专精特新"小巨人"。

构建集群创新体系。依托重点企业、高校、科研院所等研发机构加快技术创新平台建设。建设省环保装备产业技术创新中心、省环保装备创新平台、清华苏州环境创新研究院、省中小企业节能环保产业公共技术服务平台等技术创新平台，推动共性关键技术研发和成果转化，提高基础原材料和基础零部件、重大装备和核心技术的保障能力。围绕新能源和储能装备、节能技术装备、水污染防治、大气污染防治、固废处理、资源循环利用、温室气体捕集与利用等领域，加快突破关键技术与核心部件。

建立健全集群培育工作机制。建立省市联动机制，省级层面由省工信厅分管领导牵头，相关处室具体实施；市级层面明确工信部门分管领导和具体负责处室和联系人。建立节能环保集群培育专家库，组建集群培育工作专家咨询服务团队，定期开展行业咨询和体检会诊。发挥行业协会、中介机构和产业联盟等社会组织的桥梁纽带作用，加强行业研究、技术交流合作，促进集群培育和发展。

第二节 江苏省绿色发展保障措施

一、加强组织实施

强化省级部门、省地间协同合作，统筹推进工业绿色发展。各地结合各自实际，加强政策衔接，明确责任，加大投入力度，切实落实各项任务措施。发挥行业协会、研究机构、第三方机构等的桥梁纽带作用，助力重点行业和重要领域绿色发展。定期开展规划实施的跟踪评估工作，确保规划有效落实。

二、强化监督执法

加强节能监察执法，完善节能监察与企业信用评价、节能审查等管理制度衔接，着力构建促进企业绿色发展长效机制。实施新一轮节能监察，实现高耗能行业以及重点用能单位全覆盖。推动健全节能标准体系，加快扩大重点行业、产品、设备节能标准覆盖面。依法依规淘汰落后产能。加强节能监察队伍基础能力建设，健全节能管理、监察、服务"三位一体"节能管理体系。

三、创新体制机制

完善工业绿色发展评价体系，强化结果运用，形成促进绿色产业发展的激励约束机制。发挥工业绿色发展预警机制作用，指导地方依据能耗强度目标完成情况合理调控高耗能项目建设。推进价格机制创新，落实资源产品价格改革。推进政府绿色采购，优先购买和使用符合国家绿色认证标准的产品和服务的采购活动，促进企业改善能源利用和环境行为。

四、落实要素保障

完善地方性法规，制定与工业绿色发展密切相关的配套制度。针对全省不同区域的主体功能定位，创新实施差别化的区域和产业政策，强化中小企业节能减排和绿色发展的相关政策。落实节能减排、绿色制造、资源综合利用等有关税收优惠政策。加大财政资金支持绿色发展项目的改造和建设力度。

大力发展绿色信贷、绿色担保和绿色保险等绿色金融，鼓励商业银行开发绿色金融产品。强化人才培养机制，引导鼓励专业机构、学会协会、科研院所等开展各种形式培训、教育活动，培养工业绿色发展所需的各类人才。

五、加强政策宣传

开展全民绿色宣传，充分利用互联网、报纸杂志、广播电视等大众媒体平台，强化工业绿色发展政策宣传，加大绿色产品、绿色技术宣传力度，倡导节约、环保、绿色生活方式，增强民众的资源节约和生态环保的意识，营造良好推进氛围。鼓励多元参与，从家庭、学校、社会多管齐下，使绿色文化、理念和意识深入社会各行各业。

参考文献

[1] 于惊涛，张艳鸽．中国绿色增长评价指标体系的构建与实证研究 [J]. 工业技术经济，2016（3）．

[2] 梁婉君，张彩霞．我国工业发展效益的绿色评价 [J]. 经济统计学（季刊），2015（2）．

[3] 杨灿，朱玉林．国内外绿色发展动态研究 [J]. 中南林业科技大学学报（社会科学版），2015（6）．

[4] 邓保乐，王会芝，牛桂敏．生态文明视阈下城市经济社会发展评价体系设计研究 [J]. 未来与发展，2015（6）．

[5] 牛桂敏，王会芝．生态文明视域下我国经济社会发展评价体系研究 [J]. 理论学刊，2015（5）．

[6] 王龚博，卢宁川，杨琳，于忠华，路云霞．江苏省"十三五"生态环境保护规划的南京实施情况探讨 [J]. 中国资源综合利用，2019，37（11）：124–127.

[7] 周文．基于分层控制的长江经济带生态保护与修复策略研究——以江苏省沿江区域为例 [C]// 中国城市规划学会、重庆市人民政府．活力城乡美好人居——2019 中国城市规划年会论文集（08 城市生态规划）．北京：中国建筑工业出版社，2019：1119–1126.

[8] 向欣．江苏省生态文明综合评价与提升路径研究 [D]. 中国矿业大学，2019.

[9] 赵文恺．演化博弈视角下生态文明建设利益协调研究 [D]. 南京大学，2019.

[10] 田娜．长江经济带县级政区调整的时空特征及其导向机制 [D]. 华东

师范大学，2019.

[11] 季晓芳.江苏在长江经济带中的地位与战略定位研究 [F]. 时代经贸，2017.

[12] 吴福象.江苏在长江经济带中的战略定位及对策建议 [J]. 群众，2015（9）：9–11.

[13] 杨凤华，长江经济带新格局中江苏的发展方向 [J]. 南通大学学报，2014（11）：23–30.

[14] 李宗尧等.长江经济带建设与江苏发展新机遇 [J]. 江苏大学学报，2017（1），36–41.

[15] 王青等.基于长江经济带国家发展战略的江苏发展的对策和思路研究 [J]. 广西城镇建设，2014（12）：117–120.

[16] 陆大道等.中国区域发展的理论与实践 [M]. 北京：科学出版社，2003.

[17] 江苏"十三五"定调绿色发展将先行开展生态环境管理制度综合改革试点 [J]. 江苏氯碱，2016（01）：34–35.

[18] 李延."十三五"江苏生态环境新形势与绿色发展新谋划 [J]. 唯实，2016（03）：46–49.

[19] 刘吉双，朱广东.毫不放松抓好生态环境保护 [J]. 群众，2019（07）：50–52.

[20] 古璇，古龙高."绿色发展、生态富民"的实践价值《苏北地区绿色发展、生态富民的思路与对策》系列研究之一 [J]. 大陆桥视野，2018（06）：34–39.

相关法律法规

类型	名称
国家法律法规	《中华人民共和国环境保护法》
	《中华人民共和国海洋环境保护法》
	《中华人民共和国国家安全法》
	《中华人民共和国土地管理法》
	《中华人民共和国森林法》
	《中华人民共和国水法》
	《中华人民共和国海岛保护法》
	《中华人民共和国农业法》
	《中华人民共和国渔业法》
	《中华人民共和国海域使用管理法》
	《中华人民共和国野生动物保护法》
	《中华人民共和国水污染防治法》
	《中华人民共和国大气污染防治法》
	《中华人民共和国土壤污染防治法》
	《中华人民共和国水土保持法》
	《中华人民共和国矿产资源法》
	《中华人民共和国自然保护区条例》
	《中华人民共和国野生植物保护条例》
	《太湖流域管理条例》
	《风景名胜区条例》
	《地质灾害防治条例》
	《南水北调工程供用水管理条例》

类型	名称
国家 法律 法规	《地质遗迹保护管理规定》
	《湿地保护管理规定》
	《饮用水水源保护区污染防治管理规定》
	《森林公园管理办法》
	《国家湿地公园管理办法》
	《城市湿地公园管理办法》
	《海洋自然保护区管理办法》
	《海洋特别保护区管理办法》
	《水产种质资源保护区管理暂行办法》
地方 法规	《江苏省海洋环境保护条例》
	《江苏省土地管理条例》
	《江苏省环境保护条例》
	《江苏省地质环境保护条例》
	《江苏省湿地保护条例》
	《江苏省海域使用管理条例》
	《江苏省湖泊保护条例》
	《江苏省长江水污染防治条例》
	《江苏省太湖水污染防治条例》
	《江苏省水土保持条例》
	《江苏省河道管理条例》
	《江苏省大气污染防治条例》
	《江苏省风景名胜区管理条例》
	《江苏省渔业管理条例》
	《江苏省通榆河水污染防治条例》
	《江苏省生态公益林条例》
	《江苏省省级森林公园管理办法》
	《江苏省人民代表大会常务委员会关于加强饮用水水源地保护的决定》
	《江苏省〈水产种质资源保护区管理暂行办法〉实施细则（试行）》

续表

类型	名称
其他文件	《省政府关于江苏省地表水（环境）功能区划的批复》（苏政复〔2003〕29 号）
	《国务院关于印发全国主体功能区规划的通知》（国发〔2010〕46 号）
	《国务院关于全国重要江河湖泊水功能区划(2011—2030 年)的批复》〔国函〔2011〕167 号 〕
	《国务院关于江苏省海洋功能区划（2011—2020）的批复》（国函〔2012〕162 号）
	《江苏省政府关于印发江苏省主体功能区规划的通知》（苏政发〔2014〕20 号）
	《中共中央国务院关于加快推进生态文明建设的意见》（中发〔2015〕12 号）
	《中共中央国务院生态文明体制改革总体方案》（中发〔2015〕25 号）
	《关于印发全国生态功能区划（修编版）的公告》（环境保护部 中国科学院公告 2015 年第 61 号）
	《水利部关于印发全国重要饮用水水源地名录(2016 年)的通知》〔水资源函〔2016〕383 号〕
	《水利部国土资源部关于印发长江岸线保护和开发利用总体规划的通知》（水建管〔2016〕329 号）
	《中共中央办公厅国务院办公厅关于划定并严守生态保护红线的若干意见》（厅字〔2017〕2 号）
	《省政府关于江苏省海洋生态红线保护规划（2016—2020 年）的批复》（苏政复〔2017〕18 号）
	《环境保护部办公厅、国家发展和改革委员会办公厅关于印发〈生态保护红线划定指南〉的通知》（环办生态〔2017〕48 号）
	《江苏省第一次地理国情普查公报》（2017 年 9 月）
	《省政府关于印发江苏省国家级生态保护红线规划的通知》（苏政发〔2018〕74 号）
	《省政府关于江苏省骨干河道名录（2018 年修订）的批复》（苏政复〔2019〕20 号）
	《中共中央国务院关于建立国土空间规划体系并监督实施的若干意见》（中发〔2019〕18 号）
	《中共中央办公厅、国务院办公厅关于建立以国家公园为主体的自然保护地体系的指导意见》（中办发〔2019〕42 号）
	《中共中央办公厅、国务院办公厅关于在国土空间规划中统筹划定落实三条控制线的指导意见》（厅字〔2019〕48 号）